建設業・担い手育成のための技術継承

鈴木 正司 著

基礎技術
（工事測量・土工事・土留め工事・
構造物工事・場所打ち杭工事）

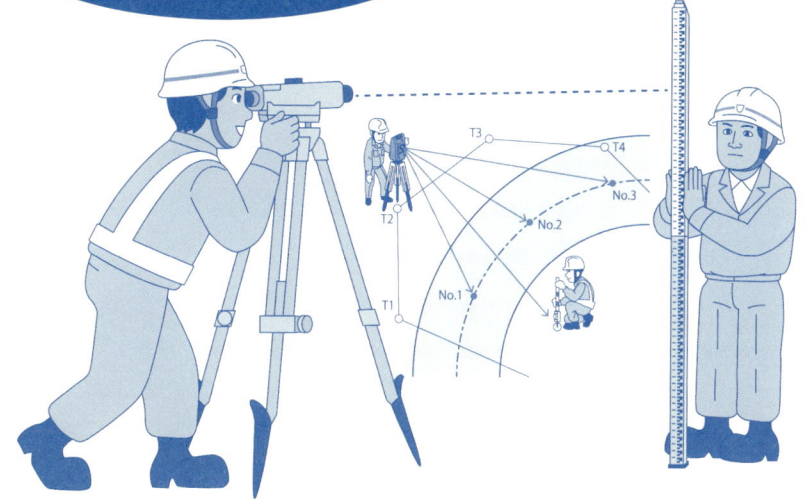

【編集協力】東京土木施工管理技士会
【発行】一般財団法人 経済調査会

はじめに

　われわれは，新聞・テレビなどのメディアから，日々溢れんばかりの情報を入手しています。情報は人の考え方に大きな影響を与えることになりますが，情報の氾濫によって，自身の思考が変化することもあります。そこに問題があり，ややもするとマスコミによって誤った世論が形成されかねないのです。かつてマスコミは建設業界を談合等でバッシングした結果，「建設業界は悪だ」，「公共投資はいらない」の大合唱となり，国を挙げての公共投資不要論に拍車がかかりました。

　当時から，少子高齢化社会が到来すると言ってはいましたが，誰も人口減少から行政サービスが低下するとは考えていませんでした。しかし，人は自分に投資をするように，国家も飽くなき投資をしていかなければ，衰退していくということを忘れてしまいました。例えば，国内の道路網を整備すれば，動脈となる高速道路と横断道が整備され，モノを運ぶという物流機能の完成度が高まります。つまり，どんな地域へでも血流を行きわたらせることができるのです。道路ネットワークがしっかりしてくれば，事故や災害時に物資を運ぶルートを選別できるなど，防災面を充実させることができます。さらに，海外からの観光客も増え，消費も向上するという好循環を演出できるようになります。

　一方，住んでいる街や故郷をいつまでも素晴らしい場所として，存在して欲しいと願うのは建設技術者だけではありません。その佇まいはやわらかい心地よさを与えてくれますし，日常の一瞬である景色を長く見守っていこうという気持ちが湧き上がります。たまに，生まれ育った街を歩くと懐かしさの他に，こんなに狭い道だったのかと驚かされる瞬間があります。小さな目で見ていた路地の風景は，心の中に大きな映像として記憶されていたことに，しばしの驚きを与えてくれます。

　街を守り，故郷を守り，国を守るために人生を捧げる建設技術者にとって，大きな変動期を迎えています。これまで以上，大災害や自然の猛威に向かっていくことが必要な時でしょう。そんな時代ゆえに，建設技術を伝え，継承していくための書として，将来を担う技術者にこの書を送りたいと考えています。

目　次

まえがき ……………………………………………………………… 1

第Ⅰ章　間違えない工事測量スキル

1　測量技術の習得は土木技術者の最強アイテムとなる ……… 9

2　工事測量の基本事項を知る ……………………………… 11
　（1）工事測量に入る前の準備 ……………………………… 12
　（2）測量機器の取り扱い …………………………………… 20
　（3）測量時のテクニック …………………………………… 27
　（4）必ず行わなければならないチェック項目 …………… 40

3　測量の間違いを生む原因は身近にある ………………… 45
　（1）単純なミス ……………………………………………… 46
　（2）計算の誤り ……………………………………………… 46
　（3）設計図面の理解不足・勘違い ………………………… 46
　（4）測量結果の打合せ・引継ぎ・施工者への指示が不適切 … 46
　（5）基準杭・控え杭の確認不足 …………………………… 47

第Ⅱ章　おろそかにしない基礎スキル　　　　（盛土・切土・軟弱地盤）

1　盛土編 ……………………………………………………… 49
　（1）盛土の敵は「水」である ……………………………… 49

（2）盛土の安定は地下排水工で……………………………………… 51
　（3）腹付け盛土は段切りと湧水処理を ………………………………… 53
　（4）盛土法面には水を流さない………………………………………… 53
　（5）大規模盛土は中央排水工法で工程を進める …………………… 55
　（6）高盛土はフィルター層を設ける …………………………………… 56
　（7）構造物との境の盛土は沈下する…………………………………… 57
　（8）法尻を補強すれば盛土できない材料はない……………………… 59

2 切土編……………………………………………………… 60

　（1）天気の達人への道…………………………………………………… 61
　（2）切土をすると水が集まる …………………………………………… 62
　（3）切土の崩壊は天端のクラックから ………………………………… 64
　（4）切土法面の暗青色は地下水位のライン………………………… 65
　（5）流れ盤は気を付けろ………………………………………………… 66
　（6）硬い岩盤上の土砂に気を付けろ…………………………………… 67
　（7）切土法面も排水をしっかりと ……………………………………… 68
　（8）地すべり地形は等高線（コンターライン）で把握する……… 70
　（9）切土法面の安定を考える…………………………………………… 70

3 軟弱地盤編 ………………………………………………… 74

　（1）ゆっくり盛土したら大丈夫………………………………………… 75
　（2）将来の盛土重量以上の荷重で圧密沈下を完了させれば大丈夫・ 76
　（3）新旧盛土の縁を切る………………………………………………… 78
　（4）不等沈下がないように……………………………………………… 79
　（5）RC 構造物に接する盛土…………………………………………… 80
　（6）盛土を横断するカルバート………………………………………… 82
　（7）周辺地盤への影響防止対策は……………………………………… 83

(8) 地震対策 ………………………………………………… 84
(9) 軟弱地盤の対策工を組み合わせて経済性を追求 ………… 86

第Ⅲ章　不安全にしない仮設土留め工の管理スキル

1 ボーリング柱状図をよく見よう ……………………… 94

2 Ｎ値から分かること ………………………………… 96

3 10ｍを超える土留め工の計算には弾塑性法を用いる ……… 102

4 自立式土留め工は根切深さが３ｍまでとする …… 103

5 土留め壁の変形量を抑制するには ………………… 105

6 土留め壁の剛性を高めるには ……………………… 106

7 硬い地盤に鋼矢板を打設するときには …………… 108

8 ライフラインの地下埋設物のために土留め壁を設置できない箇所には …… 109

9 鋼矢板の共下がりを防止するために ……………… 111

10 仮設設計はシンプルに考える ……………………… 114

11 鋼材を２つ併設した場合の断面性能もシンプルに考える …… 116

12	土留め工の安全性を向上させる底盤コンクリートは掘削底面全体に打設する	119
13	ポータブルコーン貫入試験から推定できる土質定数をうまく使えば判定ができる	122
14	コーン抵抗値，N値，一軸圧縮強度，CBRの関係式	123
15	地盤の沈下量は破壊の目安となる	125
16	鋼矢板を抜くと下水管が沈下する	128
17	砂層はボイリングに注意する	131
18	砂地盤ではパイピングに注意する	132
19	粘土層の下に砂層があれば盤ぶくれする	134
20	軟弱地盤の粘土地盤はヒービングが発生する	137
21	土留め工のトラブルの対応は焦らず，ゆっくりで丁度いい	138
22	土留め工の条件と発生するトラブルの関係	143
23	土留め工の危険を回避する対策のまとめ	145

第Ⅳ章　出来栄えの良い耐久性のある構造物を構築する管理スキル

1 綿密な打設計画がコールドジョイントをなくす ………… 152

2 耐久性能を上げるフーチング打設順序 …………… 155

3 コンクリートの締固めを考えよう …………… 157

4 コンクリートのスランプに着目しよう …………… 163

5 朝一番で練るコンクリートで失敗しない ………… 166

6 打継ぎ目に注目しよう …………………… 170

7 鉄筋配筋における確認事項を忘れない ………… 172

(1) 『コンクリート標準示方書 施工編』の記載事項は必ず確認する …………………… 172
(2) 配筋が不可能な箇所は事前に協議する …………………… 174
(3) 鉄筋を注文するときは，食込み重量を設計重量の2%以下にする …………………… 175
(4) 鉄筋の鋼種とサイズと員数を確認する …………… 180

8 トラブルにしない型枠支保工 …………… 183

(1) 重力式擁壁などの斜め型枠の浮上がり防止対策 …………… 185
(2) ベースコンクリートから立ち上がる壁部におけるハンチ型枠の固定方法 …………… 186

(3) 隅角部のハンチ型枠の固定……………………………… 186
　(4) 立上がり型枠の鉛直性は引張りと突張りで確保する………… 188
　(5) T型梁の支保工には水平力がかかる…………………………… 189
　(6) 水平力に抵抗する斜支保工の検討…………………… 193
　(7) 大引受けジャッキのストローク管理………………………… 193

9 ひび割れを成長させないために……………………… 194

　(1) 施工上で可能なひび割れ対策………………………… 197
　(2) 下部拘束のある立上がり部材のひび割れ対策……………… 198
　(3) 型枠を取り払った後に行うひび割れ対策……………… 200
　(4) セメントを変更してひび割れ対策…………………… 201
　(5) 夏場のコンクリートのひび割れ対策…………………… 202
　(6) 冬場のコンクリートのひび割れ対策…………………… 204
　(7) ひび割れを容認した対策……………………………… 208

第Ⅴ章　場所打ち杭のトラブルを防止する管理スキル

1 場所打ち杭（オールケーシング工法）はなくならない ……… 211

2 軟弱地盤（N値＜2）での杭頭寸法不足 ……… 212

3 玉石地盤における杭頭寸法不足 ……………… 216

4 コンクリート打設には，トレミー管と生コン車の関係を明示しよう ……… 219

5 鉄筋の共上がりを防止するには ……………… 221

6 鉄筋の共上がりをなくす管理のポイント ………… 229

7 鉄筋が共上がりしてしまったら… ………………… 230

8 その他の鉄筋，コンクリートに絡むトラブル …… 231

9 深礎杭や場所打ち杭の主鉄筋が2重に配置された杭には気を付けよう ……… 232

あとがき ……………………………………………… 235

まえがき

　「長い不況というトンネルを抜けたら，働く人がいなくなっていた」と，こんな話があるとしたら，その国の成長が止まり悲劇の始まりとなってしまうことでしょう。ましてや巨大地震や気象の変化で大災害が来ても，直ちに復興できない国は問題があると思われます。国づくりは人づくりと言われるように，働く人がいなくなった国はやがて滅びるしかないと考えざるを得ません。このような国にしたのは誰だと問えば，その国の人々全員の責任でしょう。このような事態を目の前にしてやりきれない思いが募ります。

　技術革新が凄まじいスピードで起きる業界では，衰退する業種は滅んでいき，繁栄する業種が芽吹いていきます。身近な分野を見てみると，30年前のパソコンは現在の玩具以下の性能しかありませんでしたし，持ち運ぶこともできませんでした。現在では，スピードも処理能力も格段に向上し，簡単に持ち運びができるタブレットにその座を譲りました。近い将来は腕時計のコンピュータと脳に流れる微弱電流とがコンタクトして，瞬時に判断ができるようになることでしょう。実際，情報・通信技術の発達は目を見張るものがあり，現在では30年前のパソコンで業務をこなそうとする人は誰もいないでしょう。さらに，今後ますますネットワーク化社会の進展が予想されることから，コンピュータやIT業界は将来にわたり希望が見える現在進行形の業種と言えます。

　一方，「建設業界はどうでしょうか」。人の力は機械の力にとって代わり，大規模な構築物を短期間に創造できるまでになりました。人の力ではできなかった作業は全て機械化されたのです。また建設技術の発達により，地下の利用や高層住宅など，過去に描いた未来は現実となりました。しかし，夢として描かれた世界は確実に実現されているものの，現在では全く必要

のない建設技術というものはあまり発見できません。コンピュータやIT の世界ほど建設業界は，革新的ではない分野なのかもしれません。

　話は変わりますが，建設業界は「コンクリートから人へ」という政策の転換や，マスコミによる建設業界のイメージダウンなどによって，公共投資が最も多かった1992年から約20年間にわたり，建設不況というトンネルの中を歩んできました。そのトンネルを通り抜けてみたら，建設業界は若年技術者がいなくなっていたという現実に直面しています。

　まさに，今日において育ってほしかった30～45歳までの建設技術者がどこかへ消えてしまったのです。技術系の大学では，土木工学が都市環境工学等の名前に変わり，「土木」という言葉が死語となってしまいました。さらに「土木」を目指す学生の数が，少なくなってしまったという現実があります。これは，建設業界にとってとても残念なことです。

　建設業界の現実を覗いてみると，建設技術者は45歳以上のグループと，これから現場代理人や監理技術者になろうとする30歳以下の二つのグループに分かれます。30歳以下の若年技術者たちは「父親と同じ世代の上司と仕事をするなんて」と思い，45歳以上のベテラン技術者からは「今の若者は全く勉強をしないし，やる気が見えない」などの確かな世代間ギャップが存在しています。

　若年技術者とベテラン技術者の世代間ギャップは，致命的とも言える技術スキルギャップとなっています。「若年技術者たちは，ベテラン技術者に心を許さない」，「ベテラン技術者が教えても若年技術者が理解できない」というコミュニケーション不足も拍車をかけており，若年技術者とベテラン技術者の溝を大きくしています。

　この不都合な溝を埋めるためには，若年技術者の技術スキルをアップさせるべく教育し，ベテラン技術者と話がかみ合うように成長させなければなりません。またベテラン技術者には，専門的な話を少しかみ砕いて，若年技術者に理解できるような話し方や，子供を見守るように優しさを持っ

まえがき

て接するような指導が必要です。

　本書は，若年技術者とベテラン技術者をつなぐ接着剤として機能させる目的を持って，建設現場における工事測量，土工事，土留め工事，構造物工事，場所打ち杭工事等に関する一般的で，基本的な技術スキルを解説しています。1冊の本の内容が，若年技術者とベテラン技術者との共通理解の言語として活用されることを願っています。

　したがって，本書は若年技術者のスキルアップの手順書として参考にしていただき，一方ベテラン技術者においては，若年技術者に必要な技術スキルをどのように教えたらよいのかという指導書として，活用していただくことを目的としています。

　次に，各章の内容を紹介していきます。各章の内容からその活用の仕方を提案していますので，本書への理解を深めていただきたいと考えています。

　本書のコアとなる第Ⅰ章～第Ⅴ章については，身に付けていただきたい技術スキルを中心にお話をさせていただいております。各章のどこから読まれても，理解できるよう編集されておりますので参考にしてください。また，教育用テキストとしても利用していただきたいところです。

　「第Ⅰ章 間違えない工事測量スキル」は，工事測量について，これだけはマスターしてほしいという内容を取りまとめました。工事測量の基本事項を習得するために，準備段階，測量手法，測量機器の取り扱い等，さらには間違えない測量を実施する「きまり」などにも触れています。

　測量学の本をひも解いて，その内容を最初から勉強しようとしても，現場で行う工事測量を理解することはできません。現場には現場の測量スキルが存在しています。測量学の厚い本から，現場に即した内容だけをピックアップするということも厄介で，かえって難しいものになってしまいます。

　筆者は常々，「現場で間違えない工事で必要な測量技術はこれだ」とい

う内容の本があればよいなと考えていました。そのような思いから，現場で行う工事に必要な測量について，本書の中で取り扱うことにしました。本書は実践的でコンパクトにまとめてありますので，工事測量の経験のない技術者でも理解ができるように配慮してあります。

　さらに若年技術者を指導する技術者，現場を運営する現場代理人，現場を仕切って工事を進めている技術者，現場で測量を担当している技術者が，工事測量の教育をするために，ポイントを絞った内容となっています。測量の経験がない人にも分かりやすくしたほか，間違えないための工事測量の基本として，身に付けていただければ幸いです。

　「第Ⅱ章　おろそかにしない基礎スキル（盛土・切土・軟弱地盤）」は，表題のとおり盛土編，切土編，軟弱地盤編について基本的な内容を取りまとめてあります。

　盛土編では，盛土工事を行う上で一番重要となる水（雨水，地下水，間隙水など）の取扱いをテーマとして取り上げました。土と水の関係を知って，水を制御することが盛土の安定につながると考えて構成してあります。盛土工事を安全に進めていく技術スキルを，ぜひ学んでください。

　切土編では，切土によって土を取り除いた分の重量がなくなってしまうので，今まで安定していた地盤のバランスが崩れて，切土法面が崩壊する危険が発生します。また切土法面は，切土した分の重量がなくなってしまうため，法面はわずかですがリバウンドします。そうすると土粒子同士の結合が切れて微細な隙間ができることになります。隙間が連続してしまえば，クラックとなります。そのクラックに雨水が入り込むと水圧が四方八方にかかることになります。クラックが深ければ深いほど水圧が大きくなって法面を押すことになります。切土したら「切土上部にクラックが発生していないか」，「降雨による法面の変化はないだろうか」を確認するために，雨の中を歩き，確認して廻ることが切土法面（盛土法面も同様）の崩壊の兆候をつかむコツとなります。「雨が降ったら現場を歩く」は土工

まえがき

事を行う建設技術者にとっては常識です。

　もし，雨のせいにして現場を歩かなければ崩壊の兆候を見逃して，「雨が降らなければ法面は崩壊しなかったのに」と悔やんだとしたら，建設技術者としては失格となります。切土の安定は降雨，地下水位の変動などを目で見て確認することが必要でしょう。切土における危険のサインは盛土同様に，水にあります。

　軟弱地盤編では建設技術者として，最低限理解してほしい基礎的技術スキルを中心に，軟弱地盤上の盛土について対策工と合わせて構成しました。軟弱地盤上の盛土については，さまざまな工法を組み合わせて経済的になるよう計画しますが，イメージがなかなかつかめないと困るので図版を多用しました。図をよく見てイメージで記憶しておくと，現場でのトラブルの対応や処置に有効であると考えています。

　なお，本項は技術士第二次試験にもよく出題されるテーマです。筆者としては，読者の方々全員を技術士に誘うことができれば至極の喜びです。「夢は目標に，目標は計画に，計画は実践に，実践すれば夢は叶う」をモットーに行動してきた筆者からのメッセージとして，読者に贈る言葉とします。

　「第Ⅲ章 不安全にしない仮設土留め工の管理スキル」は，現場で工事管理を行う建設技術者が必ず経験する，仮設土留め工に関する内容を取りまとめてあります。

　土質定数の判定は，N値から推定しますが，その手法を分かりやすくまとめてあります。事故例も紹介しながら，土留め工の理解を深めていただくように構成しました。また，施工中における土留め工のトラブルを想定して，土質の種類と地下水位などから，発生するトラブルの対策工が分かるようにしてあります。

　土留め工における仮設土留めの設計計算は，建設技術者自身で計算ができることを目的とした内容にしました。本章を参考にしていただければ，

会社にある市販ソフトを使って，簡単にトライアルしながら仮設土留めの設計計算ができるようになります。しかし入力する土質定数を推定できなければ，計算を実施することはできませんので，推定方法は「2 N値から分かること」に記した土質定数の判定を参考にしてください。また，腹起しのスパンを大きくしたい場合に剛性を高くする鋼材の使用方法，土留め壁の変形量を小さくしたい場合の対策などについても，参考にしていただける内容としました。ここでも土留め工の対策工を理解するために図を多用しています。

　ポータブルコーン貫入試験から推定できる土質定数も，有効に活用していただけるようにその内容も紹介しました。地盤の破壊における状態の推定や，鋼矢板を抜いたときの問題点についても参考にしてください。

　「第Ⅳ章 出来栄えの良い耐久性のある構造物を構築する管理スキル」は，橋台，橋脚，擁壁などの一般的な構造物の品質と耐久性を高めるための技術スキルを紹介しています。

　『コンクリート標準示方書』にあるコンクリート打設計画の作成は，コンクリート打設時のトラブルの発生を予防する重要なポイントとなります。また，コンクリートの打設順序を考えることにより，耐久性の高い構造物を構築することができる手順を解説しています。また，フレッシュコンクリートの管理として，生コン車から流れ落ちる状態を観察することで，質の高い施工管理ができることを提案しています。特にコンクリートの締固めは，出来栄えだけでなく耐久性の高い構造物を構築するために必要な手順を紹介しています。

　鉄筋の配筋には，『コンクリート標準示方書』の確認事項を踏まえたポイントを忘れないようにすることや，鉄筋を注文するときの注意事項を確認できる内容となっています。鉄筋の注文に関しては，食い込み量を最小にする注文方法を示しました。このように，鉄筋工事は事前の検討が重要であることを理解していただける構成としました。

まえがき

　型枠支保工については，トラブルにならないようにコンクリート打設が完了できるようにチェックポイントをまとめてあります。型枠支保工でのトラブルは致命的となり，それまでの苦労が水の泡となってしまうことから，重要な管理スキルとなります。

　出来栄えと耐久性を考えるならば，ひび割れのない構造物を構築できれば素晴らしいことになります。しかし，ひび割れを全く発生させないということは非常に難しく，あらゆるひび割れ対策を実施したとしても，気温の変化や天候の状態によってはひび割れが発生してしまうことがあります。たとえひび割れが発生しても，成長させない手順をスキルとして定着させることができれば，将来にわたり安全で安心な構造物として提供できるようになります。現場の工事管理をする建設技術者は日々の管理においては，五感を働かせ全身全霊をもって自身のスキルを最大限に活かし，工事を進めていくことが重要となります。そんな建設技術者に出来栄えの良い耐久性のある構造物を構築する管理スキルを伝えたいと考えています。

　「第Ⅴ章 場所打ち杭のトラブルを防止する管理スキル」は，場所打ち杭にスポットを当て，オールケーシング工法におけるトラブル事例と対策工を技術スキルとしてまとめてあります。

　この工法は場所打ち杭の中でも，確実に杭の造成が可能であると考えられている工法であり，一般的な工法です。市街地での基礎杭工事に採用されていますので，ほとんどの建設技術者が経験したことがある工種です。しかし，いったんトラブルが発生すると問題が大きくなり，工事がストップしたり，設計をやり直したりと厄介な問題へと変化してしまいます。そのようなトラブルを防止すべく，重要な管理ポイントを挙げて，技術スキルとして定着していくことを目的としています。

　本書は現場を運営する建設技術者にとって，現場を運営するまでに獲得してほしい技術スキルを再確認するためにあります。また，現場を運営す

るまでの若年技術者に対しても同様に，獲得してほしい技術スキルを紹介する内容となっています。さらに，若年技術者を指導する管理者の方に対しては，指導する技術スキルの引出しとして，再確認する技術資料としても利用していただくことを目的としています。

若年技術者の経験値を底上げするためには，指導者のちょっとしたアドバイスが必要です。そのアドバイスが若年技術者にとってかけがえのない知識となるのです。また，部門の管理者においても若年技術者への指導は，大きなトラブルを回避させる予防処置となり，若年技術者の技術スキルのアップとなることは間違いありません。

技術の継承は一度したからよいということはありません。その都度，同じ技術スキルでも理解するまで指導を実践する必要があると考えます。現場代理人，監理技術者，若年技術者を指導する管理者にとっても，一般的な技術スキルを継承するために本書を活用できるものと考えています。

本書は，若年技術者や現場を運営する技術者のスキルアップの心得や技術スキルのポイントを紹介し，さらなる飛躍を目指すためにやるべきことをまとめた内容となっています。また，若年技術者や現場を運営する技術者を指導していく方にも，継承すべき技術スキルが整理されたテキストとして活用していただければ幸いです。

第Ⅰ章　間違えない工事測量スキル

1　測量技術の習得は土木技術者の最強アイテムとなる

　土木技術者にとって測量技術を身に付けるということは，ゲームなどにおける最強のアイテムを手に入れるということに匹敵します。最強のアイテムなのですが，決して難しい技術スキルではありません。

　測量技術は基本的なことを理解して経験を積んでおけば，工事を管理する立場になっても構築物の位置や関連した高さの関係を，瞬時に頭の中で3D化してチェックすることが可能になります。

　測量技術は決して難しくはないのですが，経験が少ないと不安でたまらないのが測量という技術です。工事測量は概ね若年技術者が行う仕事と区分けされていますが，測量を間違えてやり直す費用を実行予算の中に計上することはありません。したがって，もし測量を間違えて構造物を取り壊し作り直したら，その費用全てが現場の利益に対しマイナスに作用します。「測量は正確で当たり前」と考えられていますが，一方で「測量ぐらい若年技術者でもできるだろう」という意識があることも事実です。もし指導者として，若年技術者に測量を任せておけばいいと簡単に考えていると大きな罠が待っています。

　そのため測量技術は，若年技術者を指導する管理技術者，現場を運営する現場代理人，現場を仕切って工事を進めている技術者，現場で測量を担当している技術者のそれぞれが，測量に対して間違えないためのルールを決めていなければなりません。測量を間違えないためのルールは，どの現場でも通用するルールとして存在することが一番よいことですが，意外と技術者それぞれ個人の技術スキルとして，ある程度共通の理解はあるものの，統一されていないというのが現状です。工事測量を卒業した技術者は，

その測量から離れてしまうと「誰にでもできる一般的な技術スキルだ」として，次世代へ技術スキルを継承していこうという気持ちには，なかなかならないようです。また測量技術の力量が高かった人ほど，「測量ぐらいできて当たり前」という考え方をしているのも事実ですが，若年技術者は

コ・ラ・ム

　ずいぶん昔の話ですが，高速道路建設工事で中空床版高架橋の下部工を施工していたときのことです。橋脚の掘削が完了し，均しコンクリートが打設され，P1橋脚，P2橋脚，P3橋脚について，明日から鉄筋の組立工事に取り掛かるときでした。当時の部長が現場へ視察に来ました。なにやら橋脚の間を大股でしきりと歩いていましたが，しばらくしてその部長は「P1橋脚とP2橋脚の間は21歩だったが，P2橋脚とP3橋脚の間は19歩だった。径間長は同じではないのか？」と測量をしていた部下に声をかけました。ドキリとした若年技術者は，すぐに確認のための測量を行いました。

　測量の結果，P2橋脚がちょうど1m，P3橋脚側にズレていました。河川敷であったので基礎杭はなく，直接基礎であったため正規の位置に掘削を行い，均しコンクリートを打ち継いで事なきを得ました。それ以来，工事測量を卒業して，若年技術者を育てる指導者が現場へ視察に来ては，歩測により歩数を数え，測量の間違いをチェックする習慣が定着しました。測量の間違いは発注者の信用を失墜させ，大きな利益の喪失により，会社や現場に与えるダメージが大きいものとなってしまいます。しかし測量に関して言うと，必ずチェックを行えば，ほとんどの間違いを防止することができるのです。

　筆者は，新入社員のときから6年間ほど高速道路建設のための工事測量を経験したことで，自転車と同じように時間が経っても乗りこなせると同様に，工事に必要な測量技術を忘れることはありません。さらに，体が動きを忘れないという，ありがたい経験をさせてもらったと感謝しています。

しっかりと測量技術を身に付けてください。

2　工事測量の基本事項を知る

　測量を行う上でちょっとしたテクニックや心遣いをすると精度が向上し，測量時間の短縮につながります。また，測量は2人ですることが多いので，再測量など手戻り作業が発生するとお互いの気持ちに疑義が生まれ，現場内の空気も険悪になってしまいます。ましてや測量ミスによる工事のやり直しがあった場合には，現場全体の士気が低下する原因となります。

　そこで2人で測量を行うときの鉄則は，「測量技術の力量が高い人が測量の手元をする」ということです。その理由は，測量のさまざまな場面で違うチェック方法を示唆できたり，待ち時間に丁張（遣り方）の記入ミスがないかを確認したり，測量全体の流れを見ながら，精度が上がる方向へと導いていくことができるという利点があるからです。若年技術者を指導する上で，工事測量の達人になることは，「測量のOJT教育を実施できる」力量を獲得することにつながるのです。

　しかしながら工事測量を行う技術者は，毎日専門的に測量を行っている人とは違い，施工管理・品質管理・工程管理など，種々の業務をこなしながら仕事をしています。したがって測量を間違えないルールを作り，基準化し，さらに測量技術をまとめた教育システムを作成し，若年技術者を育成することができる中堅技術者を育てることが重要となります。

　本書で記述されている測量機器は，トータルステーション（デジタルセオドライト機能と光波距離計が一体となった測量機器）とレベル（自動レベルのこと）です。また，情報化施工で使用する場合のトータルステーションについては，作業をプログラム化できるなど機器の性能が高いこともあり，注意事項が大きく変わってきますので，専用に記載された機器の取扱説明書などを参考にしてください。

（1）工事測量に入る前の準備

① 遠くの基準点を視準して近くの測量をしよう

　トラバー測量（多角測量）を実施するとき，現場で行う工事測量に使用するトラバー点（多角測量時の観測点）は，遠い場所にある鉄塔の先端やビルの端などを視準点として，方向角を測定しておくとよいでしょう。遠くの視準点を見て近くの測量を行えば，測量の精度は高くなります。

　近くの視準点を見て，遠い位置の測量を行うと誤差が大きくなります。誤差が大きくてもよいと判断できる場合を除き，避けなければならない手順です。

　仮に1km先の鉄塔を視準したときに，15mmのズレがあったとします。すると，近くの100m（1/10）位置での測量の誤差も1/10となり，15mmのズレに対して1.5mm以内の誤差となるので，測量精度としては良好となります。

　逆に手前にある10m先のトラバー点を視準したときには，釘1本分

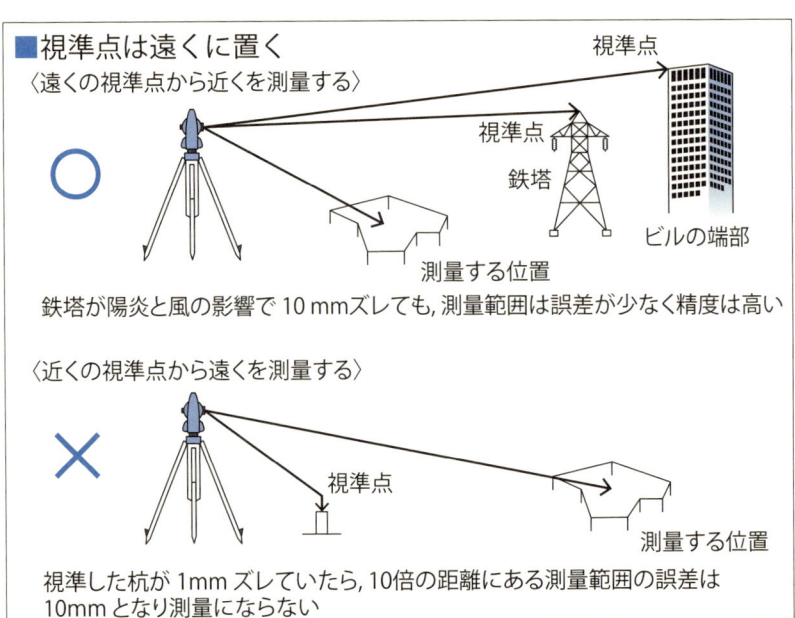

■視準点は遠くに置く
〈遠くの視準点から近くを測量する〉
鉄塔が陽炎と風の影響で10mmズレても，測量範囲は誤差が少なく精度は高い

〈近くの視準点から遠くを測量する〉
視準した杭が1mmズレていたら，10倍の距離にある測量範囲の誤差は10mmとなり測量にならない

の1mmの誤差であっても，100m遠くの位置での測量誤差は10倍となり，10mmのズレと逆に大きくなってしまいます。

　必ず，「遠くを見て近くを測量する」と記憶しておきましょう。

　注意点として，夏場で雨上がりなど遠くの視準点を見たときに，陽炎で揺れてしまい，不明確でやっと見えるような場合は，風が吹いている方向に誤差が大きくなります。このため，夏場は朝早い時間を狙って測量するなどの対策が必要です。朝早く気温が上がらないうちに基本的な測量をしてしまうことも，誤差を少なくする測量テクニックとなります。

② 測量の計算は前日までに事務所で行うようにする

　測量のミスとして単純で残念なことは，計算を間違えることです。「今日はほかの業務で忙しいから」とか，「明日の朝に事務所で測量計算をしてから測量をしよう」ならまだよいのですが，「測量計算なんて簡単にできるから現場でやればいいだろう」と前日まで計算をサボっていた

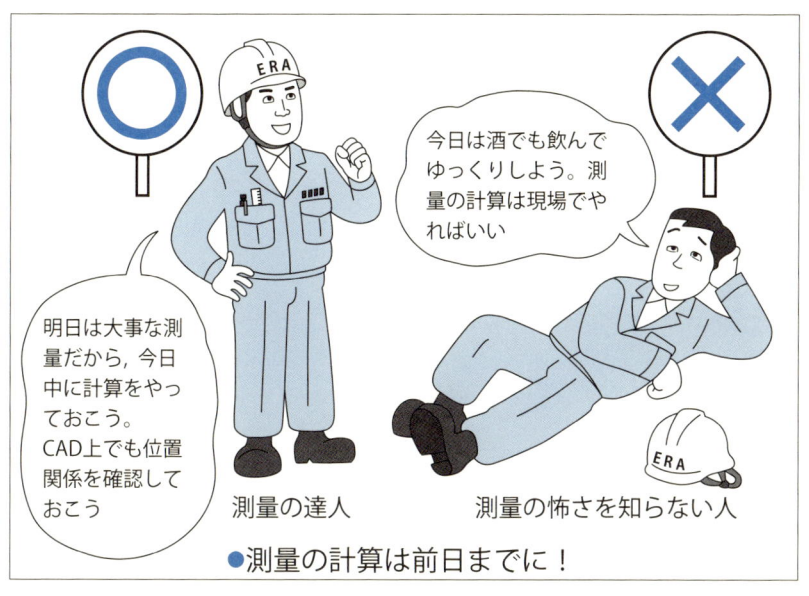

りすると，十中八九測量を間違えてしまう原因になります。特に，座標計算などを現場でやる人には，測量を任せることはできません。そんな人がいたとすれば，はっきり言って利益の確保は難しい現場管理となるでしょう。

コ・ラ・ム

あるとき工程打合せで，工程表の中に均しコンクリートと鉄筋組立工の間に，「測量工」として1日と工程表に記されていました。「測量工」の1日はもったいない1日となります。事前の準備を行っていれば，短時間に測量をすることができるはずですし，「測量工」として1日を取る必要はありません。全体工程が遅れ気味で，工程の短縮をしなければならないとその所長さんは言っていたのですが……。一般的に建築工事では墨打ちを外注することがあり，別途墨だしという工程を設定することがあります。しかし，土木工事では「測量は自分で行うもの」という認識があります。このため測量を外注して任せきりにしていると，間違いにも気が付かないことになります。とても危険なことです。

均しコンクリートを打設したら，翌日には鉄筋の組立を行うものですから，工程を短縮するのであれば，鉄筋を組み立てる日の朝の早いうちに余裕をもって測量をすれば，鉄筋の組立工事に間に合わせることができます。「早朝に測量を行う」ことのよさは，「段取の打合せや連絡電話で邪魔されることなく集中してできる」ので，昼間に行うよりも時間が少なくてすみます。

さらに早朝に測量を行うためには，前日に確実な測量の下準備を行わなければならないので，頭の中で測量の手順をシミュレーションしていることになります。事前に測量の手順を確認していることが，短時間で正確に測量を行える技となるのです。つまり測量の達人は，事前に頭の中で測量を行うことにより，早朝にパワー全開で確実な測量ができるのです。

「測量工」で1日と工程表に記した所長さんは，測量を他人任せにしている力量のない人間だと，自ら吐露しているようなものです。最低限の工事測量は，身に付けておきたいものです。

Ⅰ　間違えない工事測量スキル

　測量を間違えたときの重苦しい圧力の怖さを知らないと，土木技術者として生きていけません。一般的には測量を間違えないことが普通であり，間違える人は基本的な心構えができていないと考えてください。測量ができる技術者だからこそ，土木の仕事が楽しいのです。工事測量ができる人は，どんな現場でも果敢に挑戦することができます。測量を卒業した技術者となってからでも，いざとなれば「測量は自分が責任をもってやる」，と心の中に確固たる力量と自信を持っているため，各方面にチャレンジ精神がおう盛になるのです。

③ CADにより平面図を描いて位置関係を確実にして測量しよう

　CADにより平面図を作図するということは，CAD上で測量していることになります。CAD上での作図は，一般的には原寸で測量していることになりますので，位置関係が頭の中に入ってきます。どのトラバー点から測量すれば効率がよいのかも判定できます。工事測量を行っている

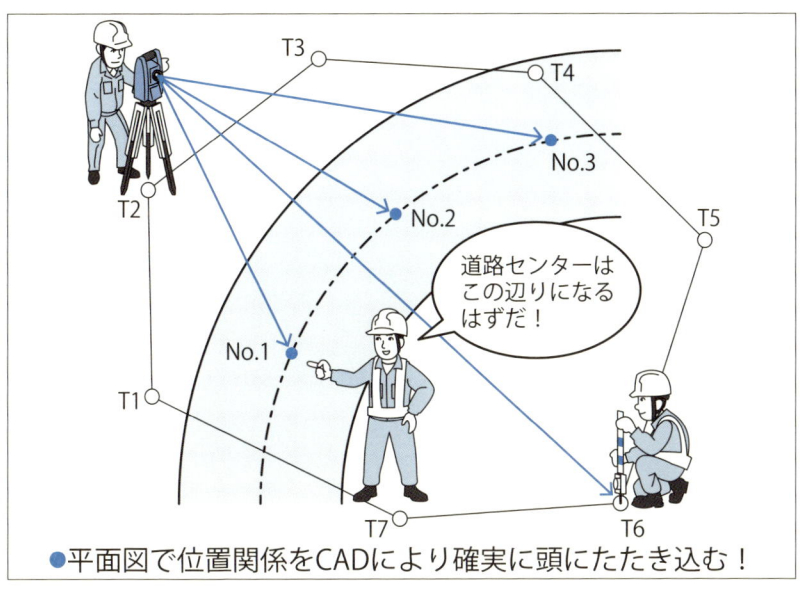

●平面図で位置関係をCADにより確実に頭にたたき込む！

15

ときに,「次のポイントはこの辺りになるはずだ」と位置を確認しながら測量をすることになります。**測量技術の力量の高い人が測量の手元作業を行う訳は,測量ミスを事前に予防できる効果が大きいことが理由なのです。**

④ 基準杭の位置やベンチマーク（BM）の地盤高さは
　確実に暗記しておく

　工事測量では,記憶に頼る測量をするとミスを引き起こします。しかし工事測量で唯一暗記して,決して間違えないようにしなければならないことが一つあります。それは基準杭およびトラバー杭の位置と,工事測量で使用する仮ベンチマーク（工事を行うために設置した仮設のベンチマーク高さを持った水準点：仮BM）の基準高さです。これは,確実に暗記しておく必要があります。工事を遂行するための基準になるのですから,いい加減に記憶しておくと大きなミスを犯します。

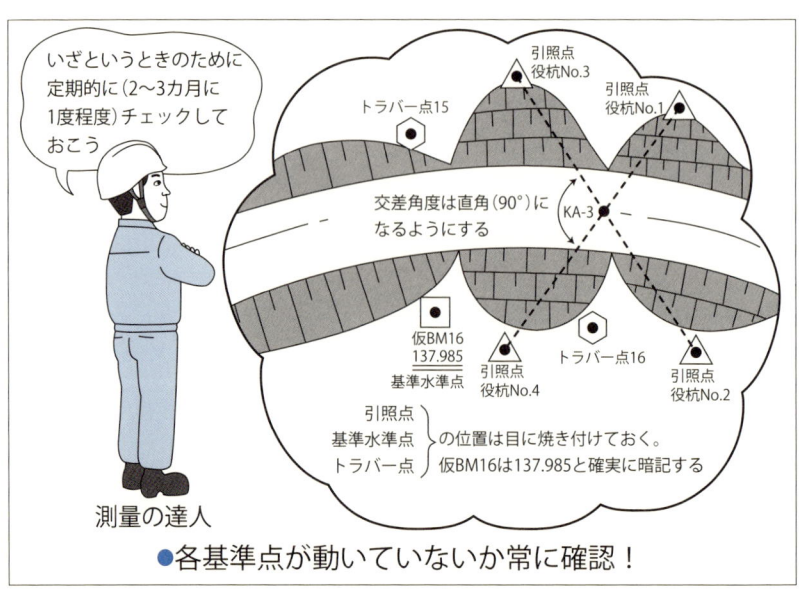

●各基準点が動いていないか常に確認！

Ⅰ　間違えない工事測量スキル

コ・ラ・ム

　過去に引照点（基準杭の復元等を行うために設置する重要な仮設の測量点）の周りに3本の測量杭を打ち込み，半ぬきで水平に囲って赤スプレーと黄色スプレーで目印としておいたところ，半ぬきが壊れていたことがありました。さっそくその引照点をチェックしましたが，変位はありませんでした。半ぬきを壊したのは，イノシシのような野生動物であったかどうかは不明ですが，基準点などは確実に保護しておくことが必要です。

　また，別の引照点から測量しようとトータルステーションを担いで，山の頂上まで登ったところ，引照点の杭の横に丸々と太ったマムシがとぐろを巻いていたときにはさすがにびっくり仰天，マムシを追い払うことはせずにそのまま退散しました。その引照点からの測量は，翌日に持ち越したという記憶が懐かしく思い出されます。

　また引照点，基準水準点（高低の基準となる水準点で計測指標値を持っているベンチマーク点），トラバー杭の状態を目に焼き付けておき，「動いていないか？」どうかを判定できるようにしておく必要があります。少しでも疑わしい場合は，再度トラバー測量や水準測量（高低差測量）を実施して，その状態を確認しなければなりません。

⑤ 定期的に引照点，基準水準点，トラバー点をチェックしておこう

　定期的に引照点，基準水準点，トラバー点の状態を目に焼き付けておいて，変動がないと分かっていても定期的にチェックをする必要があります。工事の進捗度合いにもよりますが，来月に工事を行う予定であっても，急きょ工事を開始しなければならない事態がないとも限りません。そのような場合でも定期的なチェックを行っていれば，いつでも測量をすることができますので，工事の施工を待たせることはありません。**したがって定期的に2〜3カ月に一度は，工事が未完成の箇所について実施する必要があるのです。**

●常日頃からのチェックが大事！

⑥ 測量技術の力量の高い技術者が測量手元となる

　先にも触れましたが，重要な構造物の測量などは2人で行うことになります。その際のベストなコンビネーションは，測量技術の力量の高い人が測量の手元をすることです。そうすれば，トータルステーションを操作する人が，気が付かないような測量のミスを予防することが可能になります。

　そのメリットは以下のとおりです。

- 測量手元が測量のさまざまな場面で，違うチェック方法を示唆できる
- トータルステーション操作時の待ち時間に，丁張（遣り方）などの記入ミスをチェックできる
- 丁張（遣り方）の記入事項（平面的な位置関係と勾配など）をチェックしながら測量ができる
- この辺りに測量するポイントがくるはずだと想定をしながら測量ができる

Ⅰ 間違えない工事測量スキル

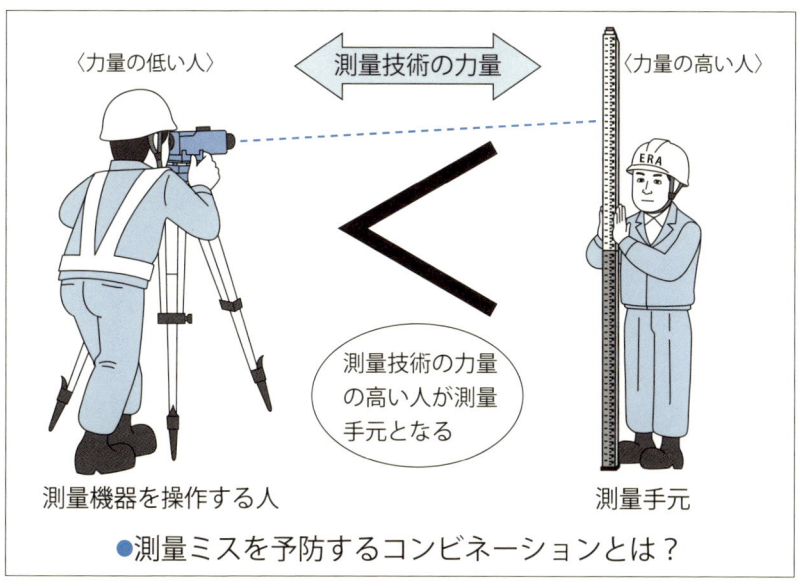

●測量ミスを予防するコンビネーションとは？

- 測量全体の流れを見ながら，精度が上がる方向へと導いていくことができる

⑦ 切羽つまった測量は間違える原因となるので
　余裕を持って早めに行う

　「② 測量の計算は前日までに事務所で行うようにする」で説明したほかに，工事開始前に行っておくことがあります。それは，工事現場における全体の平図面をCAD化しておき，正確に引照点，基準水準点，トラバー点をプロットしておくことです。CAD上の平面図は原寸で管理ができますので，測量基図となります。測量開始直前に切羽つまった状況での平面図へのプロットは，間違える原因となります。「忙しくて測量の検討をする時間がない」と後回しにしていると，工事開始から自ら招いてしまったトラブルが発生することになります。**測量については，工事開始前の比較的時間がとれる時期に，事前にまとめておく必要があるのです。**

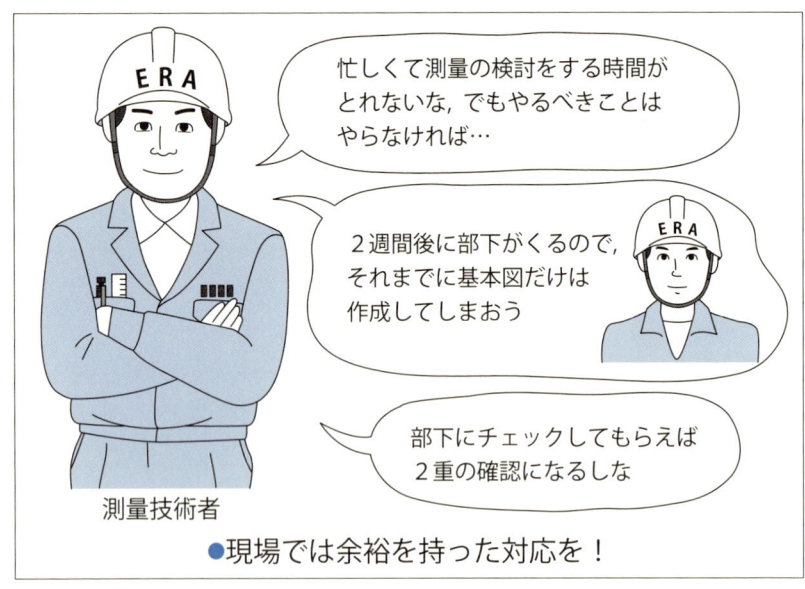
●現場では余裕を持った対応を！

　そうすれば，現場開始前に配属になった部下にも引継ぎが簡単にできると同時に，部下にチェックさせることもできるので，２重に確認をしたことになります。部下のチェックも同じであれば，最初からトラブルになることを回避することができますし，もし間違った場合には，再度確認したことになるので，トラブルの発生を未然に予防することができるのです。

（２）測量機器の取り扱い
１）視準するときは「利き目」で行う
　測量機器を使用して測角や水準測量を行うときは，片目で覗いて視準します。視準するときには「利き目」で行う必要がありますが，自分の利き目が左右どちらの目なのかを，あらかじめ知っておく必要があります。
　一般的に人は自然と測量機器を覗いている方の目が利き目なのですが，一応右記コラム欄で確認してください。

> I   間違えない工事測量スキル

コ・ラ・ム

■利き目の見分け方

　通常，人は左右のどちらの目が利き目かを認識していると思います。ただ，日常生活であまり利き目を意識することがないので，「利き目はどっち」と聞かれても「どっちだろう」と迷ってしまいますので，利き目を判定する方法を紹介します。

① 最初に左手の人差し指を立て，自分の目の 50 cm ほど前に出してください
② 指の先を両目で焦点を合わせて見てください
③ 次に右の手のひらで，左右の目を交互に隠してみてください
④ このときの注意点として，両目は開けたままです
⑤ また，右の手のひらで強く目を押さえつけないでください
⑥ 目を右の手のひらで隠すだけです

　すると，指が移動して見える目がどちらかにあります。指の位置が移動しないで見える方の目が利き目です。移動する方ではありません。簡単ですので一度やってみてください。

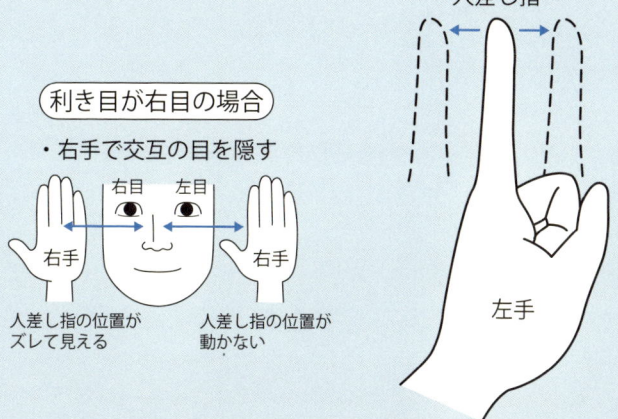

両目で見た位置が同じに見える目が利き目です。

●利き目はどっち？確認しよう！

2）測量機器をチェックする

　機器自体に故障や狂いがあっては，測量の手順を正確に順守しても測量のミスとなるので，定期的にチェックを行います。定期的にというよりは，測量する前に実施しておく癖を付ければ，機械の精度を常に把握することができます。

　ここでは，トータルステーションを使って測量する場合のチェック方法と，レベルのチェックにおける測定方法を紹介します。

① トータルステーションにおける水平角チェックの測定方法

　イ．水平角度を0°00′00″にセットします。50m程度先の釘の先端を視準して，接眼レンズの中の十字線に正確に釘の中心に合わせます。

　ロ．次に水平角度を180°00′00″にセットします。

　ハ．望遠鏡を反転して，先に視準した釘を見ます。

　ニ．そのとき，視準した先の釘の先端の見え方に変動がなければ，

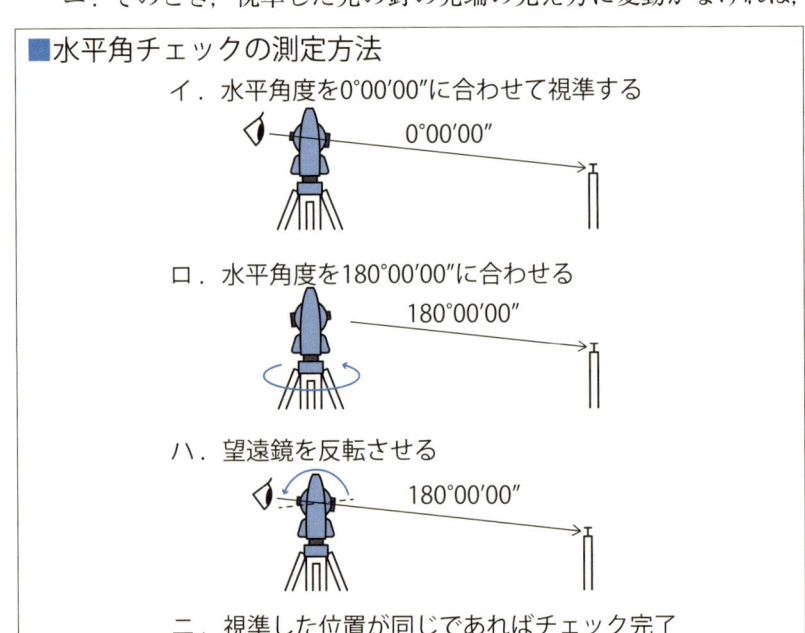

■水平角チェックの測定方法

　イ．水平角度を0°00′00″に合わせて視準する　0°00′00″

　ロ．水平角度を180°00′00″に合わせる　180°00′00″

　ハ．望遠鏡を反転させる　180°00′00″

　ニ．視準した位置が同じであればチェック完了

チェックは完了です。
② トータルステーションにおける天頂角チェックの測定方法
　イ．天頂角度を90°00′00″にセットします。50 m程度先のスタッフの読みを測定します。
　ロ．次に天頂角度を270°00′00″にセットします。同様にスタッフの読みを測定します。
　ハ．さらに180°程度水平に回転させて，2回目の読みを行います。
　ニ．そのときスタッフの読みに違いがなければ，チェックは完了です。

■天頂角チェックの測定方法
イ．天頂角度を90°00′00″に合わせてスタッフを読む。次に望遠鏡を反転する

ロ．天頂角度を270°00′00″に合わせる

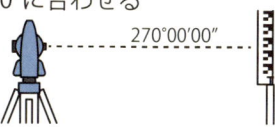

ハ．180°程度水平に回転させる

ニ．1回目と2回目の視準した読みが同じであればチェック完了

③ レベルをチェックするときの測定方法
　イ．セットしたレベルから30～60 m離れた位置2カ所に，スタッフを立てます。
　ロ．レベルにて，2カ所のスタッフの読みを測定します。測定した差を計算します。

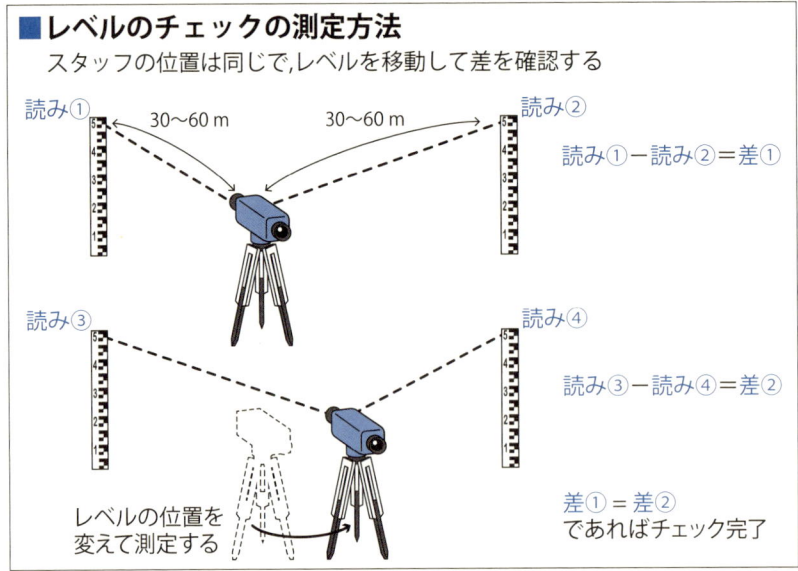

ハ．次にスタッフは動かさずにレベルを移動して再度セットします。

ニ．同じように2カ所のスタッフの読みを測定し，差を計算します。1回目と2回目のスタッフの測定差が同じであれば，チェックは完了です。

測量機器は特定の人が継続して使用しているときには，故障や狂いは生じないと考えられます。しかし，ほかの人が使用していた測量機器を借りたときや，しばらく使用していなかったときなどには，簡単にできることなので，測量開始前に必ずチェックしてください。

3）脚の整備を怠らない

トータルステーションやレベルの三脚は，乱暴に扱っても壊れませんが，だからと言って，ぞんざいに扱っていると測量ミスにつながります。特に，脚の付け根にガタがきたりすると測定中にわずかですが動いてしまい，水平を確認する気泡がズレていることがあります。気泡がズレて

しまえば，正確にセットしたはずの測量機器が動いていることになります。

　脚を伸ばして固定するときに，使用するネジを無理やり締めたりするとネジがおかしくなったりして，これも測定中にズレてしまうことがあります。それらを知らずに測量を行っていたら大変なことになります。壊れれば修理をしなければなりませんが，使用後に汚れを拭き取ることや，ネジ部には泥などを巻き込まないようにするなどの手入れを励行してください。車への積込み時に荷台に投げ込んだりすると，ネジが曲がったりしますので，丁寧に扱うという心がけも測量ミスをなくすための心構えとして重要です。

4）測量機器の持ち運び方

　トータルステーションやレベルを測量中に三脚が付いたまま持ち運ぶときには，トータルステーションやレベルを自分の顔の前にくるように

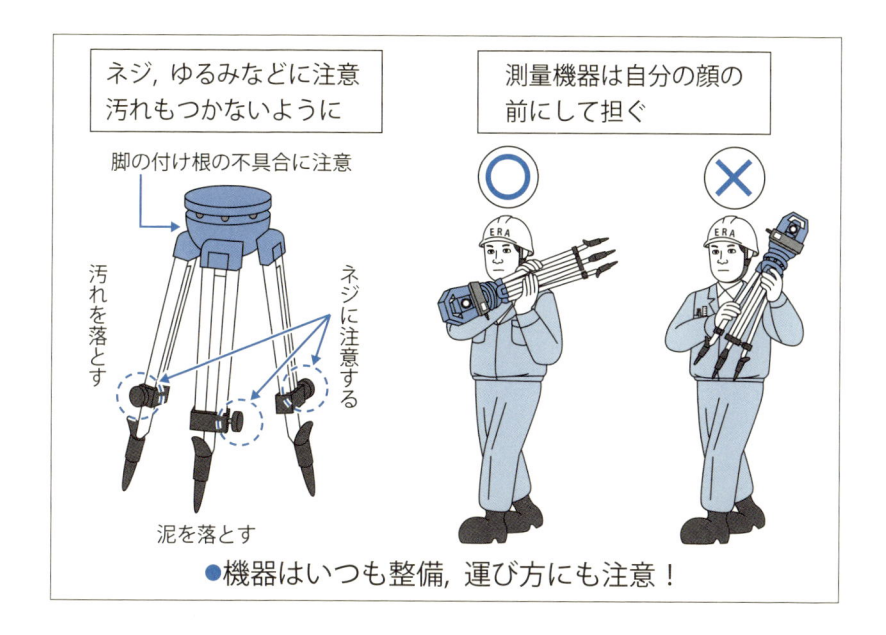

ネジ，ゆるみなどに注意
汚れもつかないように

脚の付け根の不具合に注意

汚れを落とす

ネジに注意する

泥を落とす

測量機器は自分の顔の前にして担ぐ

● 機器はいつも整備，運び方にも注意！

担いでください。自分の顔の前であれば，測量機器をどこかにぶつけることはありません。トータルステーションやレベルは，脚から外して格納箱に入れて運ぶことを基本としますが，50 m や 100 m の移動であれば，脚をたたんで担ぐこともありますので注意してください。

トータルステーションやレベルを自分の頭の後ろにして担いでいると，周囲の物にぶつかっていることにも気が付かないことがあります。移動中にぶつかって故障しているにもかかわらず，測量を続行したりすれば，測量ミスにもつながります。

5）測量道具は前日に準備しておく

測量を行う前日には，明日使う測量道具を全てチェックして準備しておきましょう。測量の計算と同じで，事前の準備は心の余裕を生みます。測量を行う当日に，にわかに準備をして出ていくと，測量道具を忘れて事務所に戻ってくることにもなりかねません。すると測量の時間が長く

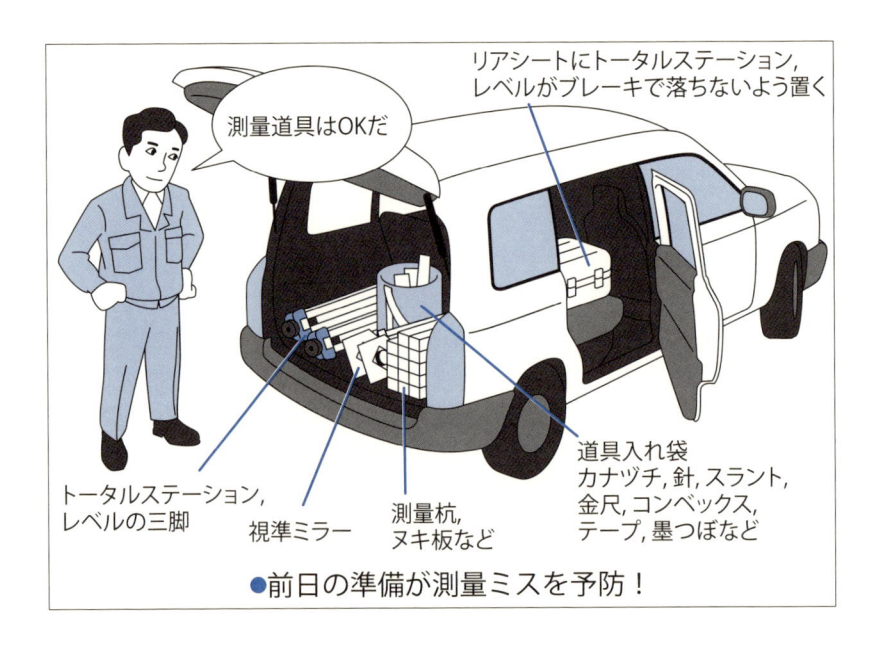

測量道具はOKだ

リアシートにトータルステーション，レベルがブレーキで落ちないよう置く

トータルステーション，レベルの三脚

視準ミラー

測量杭，ヌキ板など

道具入れ袋
カナヅチ，針，スラント，金尺，コンベックス，テープ，墨つぼなど

●前日の準備が測量ミスを予防！

かかる上に，目標とした測量の進捗を達成できないばかりか，余分な移動でチェックするべきことまでも失念し，測量ミスを誘発する事態につながります。

測量道具は，前日に全て準備・確認しておきましょう。

（3）測量時のテクニック
① 測量杭をまっすぐに打ち込む方法

測量杭がまっすぐに打ち込まれている丁張（遣り方）には，測量した技術者の誠意が伝わってきます。まっすぐ打ち込むにはそれなりのテクニックが必要です。斜めに打ち込まないための測量杭の打ち方は，以下のことに注意してください。

　　イ．測量杭を打ち込みたい場所に杭を置き，掛け矢の柄の上部を持って，軽く打ち込み，杭が手を離しても動かないように固定する

　　ロ．測量杭との間合いを取って，剣道で言うところの右上段の構えに

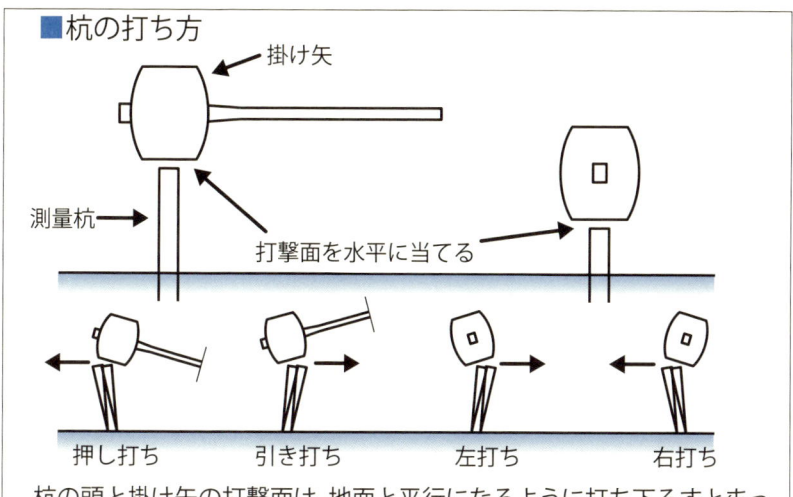

■杭の打ち方

掛け矢　測量杭　打撃面を水平に当てる

押し打ち　引き打ち　左打ち　右打ち

杭の頭と掛け矢の打撃面は，地面と平行になるように打ち下ろすとまっすぐに杭が打てる。杭の頭に掛け矢が当たるときは，腰を落とすようにすると掛け矢の面と杭の面が水平に当たる

なるようにゆっくり掛け矢を振り上げる
- ハ．このときから視線は杭の頭に据え，動かさない
- ニ．掛け矢を振り下ろすときは，右手に力は入れず，左手だけで振り下ろす（つまり，右手は振り下ろすと同時に，自然と左手のところにくるように掛け矢の柄をスライドしていく感じになる）
- ホ．測量杭の頭に掛け矢が当たる瞬間は，杭と掛け矢の打撃面が水平となるように，腰の位置を変えながら打ち込む（打ち込むといっても力はいれず，掛け矢の位置エネルギーと運動エネルギーを活用して打ち込む）

この方法を繰り返すことで，測量杭をまっすぐに打ち込むことができます。1日500本打っても疲れない究極のエコな杭の打ち方です。途中から曲がってきた場合は，手前に寄せる場合は引き打ち，前に出す場合には押し打ち，さらに右打ち，左打ちと技はありますが，熟練しないと自分の脛を打つので慣れが必要です。もし，杭が曲がってしまった場合は，根元際の地面を掛け矢で叩くと曲がりを修正できます。

② トータルステーションを早く据える方法

　トータルステーションを早く据えることで，測量のスピードは確実に上がります。最初に習う据え方が一番と思いがちですが，以下の手順で練習すると新入社員でも1時間後には，すばやく据えることができるようになります。
- イ．三脚の脚を調整して，平台座を水平（レベル）にする
- ロ．トータルステーションが平台座の中心にくるように固定する
- ハ．トータルステーションの高さ調整ネジを同じ位置にする
- ニ．両腕の肘を直角にして，三脚の2本の脚をつかみ，据えたい位置に軽くおく
- ホ．その場を少し離れ，トータルステーションの中心が据える位置の

I　間違えないで工事測量スキル

　　真上にあるかを確認し，真上になっていないときは持ち上げて修正する
ヘ．最初に見た位置から90°移動し，少し離れて，トータルステーションの中心が据える位置の真上にあるかを確認し，真上になっていないときは持ち上げて修正する
ト．2回ほど繰り返し，トータルステーションの中心が据える位置の真上にあると確信したら，三脚を踏み込み足場を固める
チ．三脚の平台座が水平になるように脚の長さを調整する
リ．トータルステーションの高さ調整ネジで，円形気泡管で水平を確認する
ヌ．トータルステーションから据えるポイントを覗き，三脚の平台座にある固定ネジで合わせる
ル．トータルステーションの平盤気泡管を見て水平をとり，90°方向に向けてさらに水平をとる。これを2～3回ほど繰り返し，水

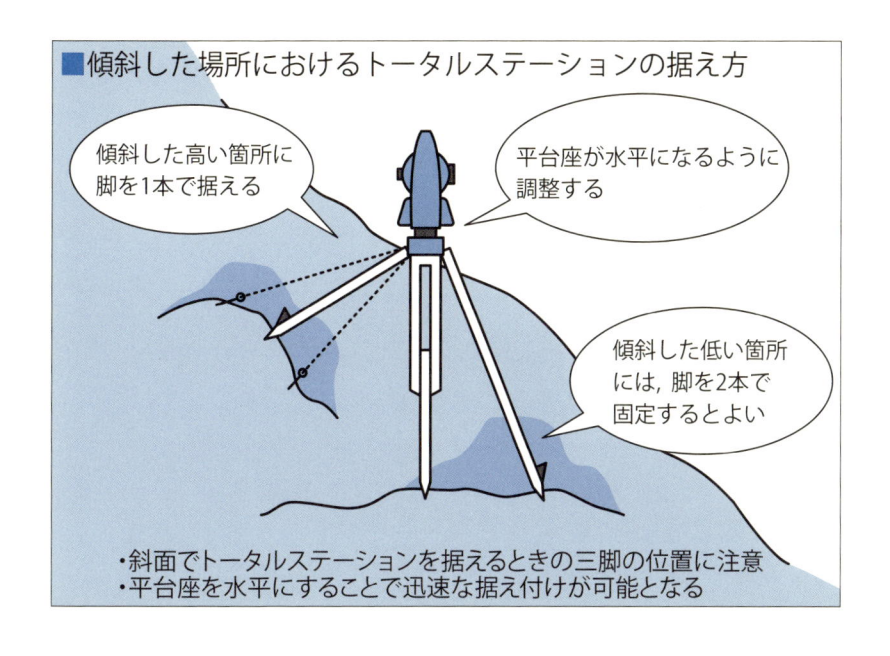

■傾斜した場所におけるトータルステーションの据え方

傾斜した高い箇所に脚を1本で据える

平台座が水平になるように調整する

傾斜した低い箇所には，脚を2本で固定するとよい

・斜面でトータルステーションを据えるときの三脚の位置に注意
・平台座を水平にすることで迅速な据え付けが可能となる

平を確認する

ヲ．最後にトータルステーションを微動させて，据えるポイントに合わせて固定する

　早く正確に据えるコツを習得することは，工事測量を行う技術者にとって，快い満足感を味わうことができるとともに，精度の高い測量ができるようになります。ここに紹介した据え方が最良の方法とは限りませんが，新入社員で測量経験のない人に教えるときは，この方法がよいでしょう。また，傾斜した場所に設置する場合もありますので，前頁の図を参考に据えてください。

③ 機器を扱う者と測量手元を行う者は合図を決めて呼吸を合わせる

　機器を扱う者と測量手元は，意思の疎通が重要となります。機器を扱う者が，測量手元に指示を出さなければ測量は開始できません。トータルステーションでは，測量手元が簡易ミラーを手で持って水準器を見な

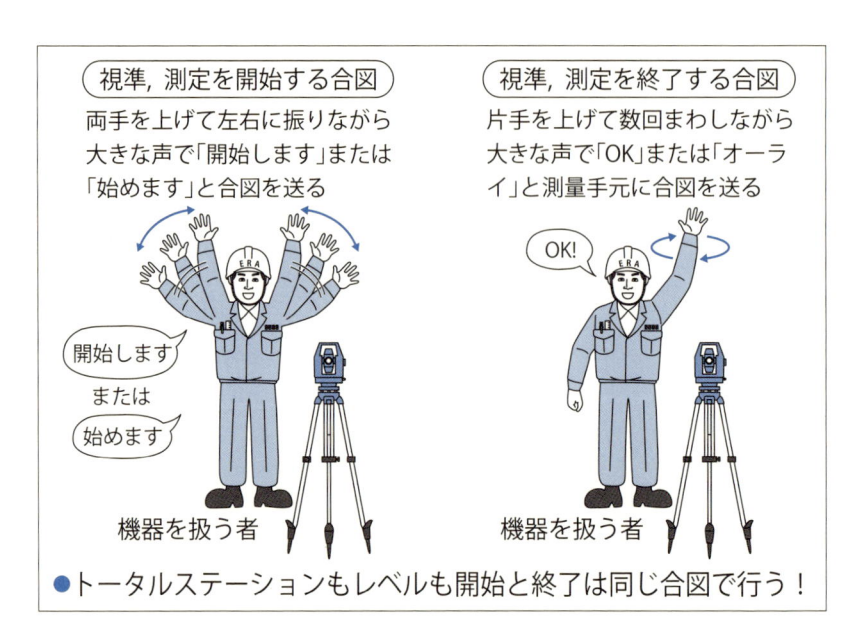

（視準，測定を開始する合図）
両手を上げて左右に振りながら大きな声で「開始します」または「始めます」と合図を送る

「開始します」または「始めます」

機器を扱う者

（視準，測定を終了する合図）
片手を上げて数回まわしながら大きな声で「OK」または「オーライ」と測量手元に合図を送る

OK!

機器を扱う者

● トータルステーションもレベルも開始と終了は同じ合図で行う！

がら，動かないようにしなければ正確な測量ができません。

　しかし，機器を扱う者がいつ視準するかは，測量手元には分かりません。したがって，トータルステーションで計測を開始するときには，機器を扱う者が測量手元に合図を送らなければなりません。測量手元は，水準器を凝視していて機器を扱う者を見ることはできません。簡易ミラーの水準器に神経を集中しつつ，機器を動かないように設置することは，身体が固定されて動くことができないので，少し長い時間になると意外と苦痛になります。この作業中に呼吸が合わないと，機器を扱う者と測量手元の間に，嫌な空気が流れます。

　特に測量手元は，機器を扱う者より測量技術の力量が高い人が行いますので，機器を扱う者に対して「しっかりしろよ」と心の中で舌打ちをすることになります。このような嫌な空気が流れ出さないように，合図の発信者は測量手元に，明確な合図を伝える必要があるのです。嫌な空気は，測量の精度を落としてしまうので，測量手元は不安になっていきます。やがて不安は不信に変わりかねませんので，測量の現場では必ず「視準する」，「測定する」という合図を明確に出していく癖をつけてください。

　工事測量において，「正確に実施して当たり前」を実践するためには，機器を扱う者と測量手元の合図による連携が，測量の精度を高める上でも重要なポイントとなるのです。

　水準測量における合図も同様に考えてください。

④ 測角値やスタッフの読みは2回以上声を出して耳と目で記憶する

　測量機器を扱う者の心得として，トータルステーションやレベルで測定した数値は，大きな声で読み上げましょう。目で見ただけで野帳に転記した場合に，意外と記入ミスが多いのです。測量を正確にするということは，視準して測定しているときから，間違いがないような手順を実

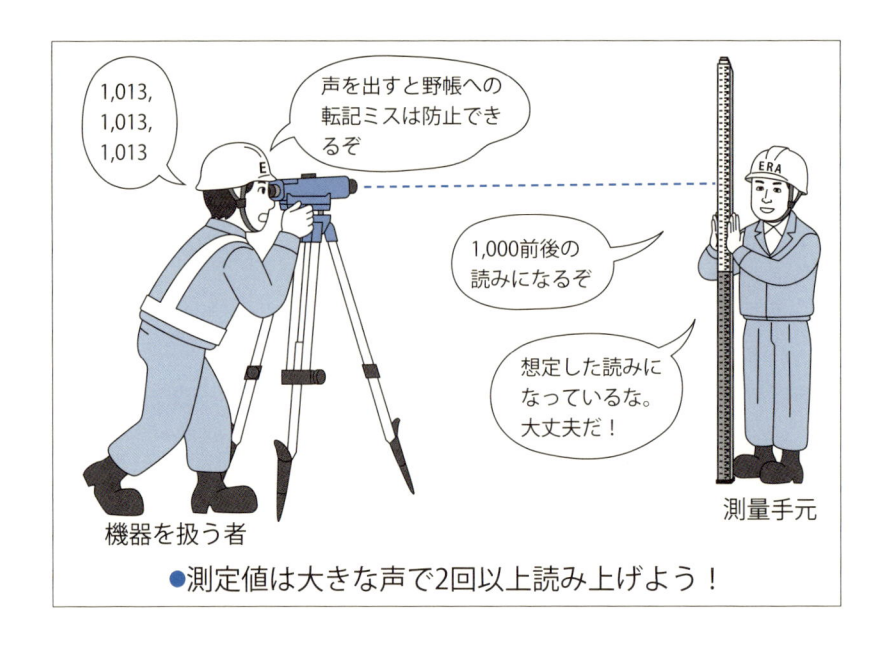

●測定値は大きな声で2回以上読み上げよう！

践することが必要となります。大きな声を出して読み上げるメリットは，機器を扱う者と測量手元の両者にあります。機器を扱う者にとって，野帳に記入するためには一時的でも正確に記憶する必要がありますが，声を出して耳で聞くことが記憶の定着に非常に有効です。

この効果は抜群ですので，声を出さずに測定値を野帳に記入する人は，今からでも「大きな声で読み上げる」ことを実践しましょう。

　特に新入社員で測量を学ぼうとしている人には，測量技術者がしっかりと，指示やアドバイスをしてほしいと思っています。通常測量手元となる人は，機器を扱う者よりも測量技術の力量が高い測量技術者がなるので，「測角度はどのぐらいの数値になる」とか「スタッフの読みはこのぐらいの読みになる」と当たりを付けています。このため想定と違う読みを耳にした瞬間に，「その読みはおかしい」と直感的に理解します。測量手元となっている測量技術者は，間違えた測量をしたくないので，常にコンビを組んだ相手方の一挙手一投足を疑ってかかっています。し

Ⅰ 間違えない工事測量スキル

■正確に測定するための合図の例

①レベルマン（機器を扱う者）とスタッフマン（測量手元）は正対している

（鳥瞰図）

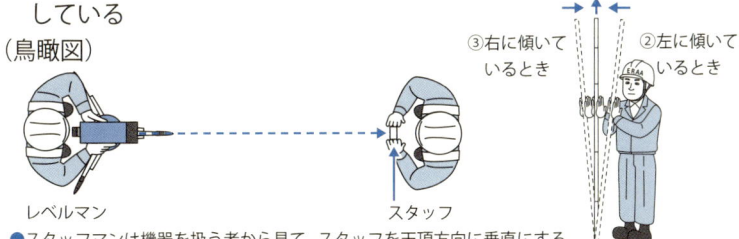

　　レベルマン　　　　　　　　　　スタッフ

③右に傾いているとき　②左に傾いているとき

- スタッフマンは機器を扱う者から見て，スタッフを天頂方向に垂直にする スタッフが垂直になるように，手を使って指示する

②レベルマンから見て右に動かしたいときは右手で指示する

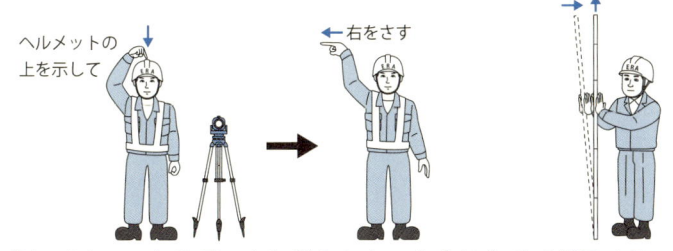

ヘルメットの上を示して　　　←右をさす

③レベルマンから見て左に動かしたいときは左手で指示する

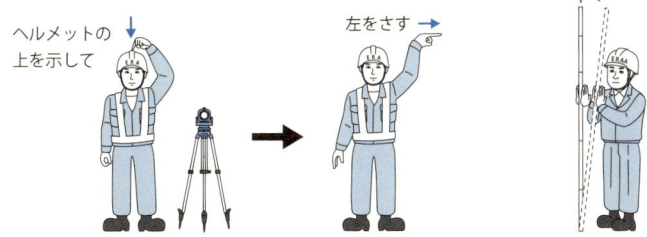

ヘルメットの上を示して　　　左をさす→

④測定終了は機器を扱う者に正対し，スタッフを垂直にして前後に動かす

前　後

スタッフマンの注意

- 機器を扱う者に対して正対するスタッフマンは機器を扱う者の合図を見逃さない
- スタッフは常に天頂方向に対して垂直に設置する
- 機器を扱う者に対して測定終了の合図は，スタッフをゆっくり前後に動かす

●水準測量では合図が大事！

たがって測量現場では，機器を扱う者が読み上げた測定値に敏感になっているのです。

　基本的には，測定値をチェックしながら測量を行っているのです。機器を扱う者を疑っているわけではありません。コンビを組んで行った測量にミスがないようにしたいと考えているだけです。

　このような理由もあり，測量手元になる人は測量技術の力量が高い人が行う必要があるのです。もし測量手元を行っているときに，機器を扱う者が声を出さないでいたならば，「声を出して私にも聞こえるように大きな声で測定値を読み上げてください」と指導してください。

⑤ 巻尺を使用して測距する場合は2回行い，その誤差は2mm以内，水準測量の誤差も同じく2mm以内とする

　トータルステーションを用いて距離を測定する場合は，測定機器のマニュアルに則って測定をしますが，基本的には測定値が安定し，測定値の誤差がないことを確認した測定値をその距離としましょう。このとき，水平距離か斜長距離なのかは識別しておきましょう。

　また，巻尺（JIS1級品以上）を使用して測距する場合は最低2回行い，その誤差は2mm以内としましょう。

　水準測量においても水準点（基準水準点や仮ベンチマークからの高さを記した測量点）から工事用の仮の水準点を設置する場合や，丁張（遣り方）を設置する場合においても水準測量の精度は，距離にかかわらず，誤差は2mm以内としてください。工事測量では，工事エリア内での測量なので，水準点との関連を確実にしておくことが必要です。道路工事などの延長が長い場合，水準点が点在することになりますが，隣接した水準点が違っている場合も想定されます。すると，隣接工事と高さが合わないなどのトラブルが発生してしまいます。連続した関連のある工事における水準点の確認は，必ず実施しておかなければ，工事が完了し

Ⅰ　間違えない工事測量スキル

コ・ラ・ム

　「工事測量の場合，正確にできて当たり前」となっていますので，ある一定期間は測量業務に専念できる環境があるとよいと考えています。工事測量は，基本的なことばかりなので難しい技術ではありません。しかし，自転車と同じで体で覚えておく必要があります。新入社員で測量の経験がない人でも工事測量の教育を受けながら，連続で1カ月程度，測量技術の力量の高い人と測量を行えば，比較的簡単に身に付けることができます。

　さらに，工事測量を身体に体得させる期間として3カ月～半年程度，自分自身が主導的な立場で，測量業務を責任を持って実践する機会があればよいでしょう。工事測量を習得していれば，若年技術者の教育や指導も行うことができるので，一生ものとなる技術として最高の技術スキルを手にすることができるのです。

た後では取り返しがつきません。

　そのためにも工事開始前および工事途中でも，水準点の確認を実施してください。特に水準測量において，長い距離を測定して，現場用の仮水準点の確認をした場合でも，測量誤差は距離に関係なく2mm以内にて測量できる力量が必要となるのです。

⑥　レベルの読み誤差は上目・下目で誤差を消す

　1km以上離れた場所から工事現場まで水準測量を行うとき，慣れるまでは精度を上げることが難しいと思われます。しかし，ちょっとしたテクニックを知っていれば，誤差が大きく開いていくことはないのです。

　そのテクニックとは，「スタッフの読みを上目に読む人は，基準点での標高が低く出てしまい，下目に読む人は，基準点での標高が高く出てしまう」ことを補正すればよいのです。スタッフの目盛りを読む人が，ちょっとした気遣いをするだけで，誤差を少なくできるのです。

　それは，スタッフの目盛が5mm間隔となっていることに起因して

います。スタッフの目盛の中で，ちょうど中間位置にレベルの十字線がきたときが問題となるのです。水準測量を行いながら，ターニングポイントを設けて，レベルを移動していきます。

そのときにスタッフの数値を読み取りますが，その読みがどう見ても目盛の中間になるときが出てきます。つまりスタッフに記された目盛の5 mm の間で，まさにその中間となる 2.5 mm が測定値となるときです。中間点の読み 2.5 mm を 3 mm と読む人もいれば，2 mm と読む人もいると思います。まさしく中間の値なのでどちらも正解といえます。

一方，いつも上目に読む人は，結果的に測定した標高は低くなり，逆に下目で読む人は標高が高くなってしまうという現象が起きます。出発した水準点から，最終的に出発した最初の水準点に戻って標高を計算すると，誤差が発生していることになります。そうすると精度が悪いので，もう一度やり直すか，この誤差なら仕方がないと諦めるかのどちらかになります。

しかし，工事測量は前述したとおりに誤差を 2 mm 以内にしなければ，実施した測量が信用できませんので，やり直すことになります。何回行っても誤差が出てしまうので，自身の測量技術に自信を持つことができません。そのようなときには，以下の手順で水準測量を実施してください。

　イ．ターニングをしている場合，スタッフの目盛の読みが中間位置（例えば読みが 2.5 mm，7.5 mm）にきたときは，意識して何回目なのか回数を数える

　ロ．最初に中間位置の読みがあったときには上目で読んでおく

　ハ．2 回目に中間位置の読みがあったときには下目で読んでおく

　ニ．3 回目は上目，4 回目は下目というように交互に読んでおく

これで，自然と読み誤差がなくなっていきます。読みによる誤差は，読みで誤差を修正することになるのです。

どうして「中間位置だけが問題となるのか」は，人は誰でも，5 mm

I　間違えない工事測量スキル

■ レベルの読みを工夫すると精度が上がる

152
151
150　↕ 2.5 mm
　　　↕ 2.5 mm
149
148

スタッフの読みが中間位置のとき，1回目は読みが1,502.5（mm）→1,503と読んだら2回目は1,502.5→1,502と読む。交互に上目，下目で読み取る

の目盛で中間位置よりも少し上であれば，3 mm（8 mm）と読むし，少し下であれば，2 mm（7 mm）と読みます。目盛の上境であれば，4 mm（9 mm）と読むし，目盛の下境であれば，1 mm（6 mm）と読みます。実はターニングを繰り返しているときに，2.5 mm以外の読みについては，自然と読み誤差をなくしていることになります。

　どうしてスタッフの目盛は5 mmなのかと考えたとき，最初にスタッフの目盛を1 mmではなく5 mmとした先人は，人間の目のよさと人間の感性を追及し，人間工学的に素晴らしい目盛を開発したものだと感心させられます。

⑦ **野帳は丁寧に記入する（間違いをなくす野帳の書き方のコツ）**

　野帳への記入はきれいに書くことよりも，丁寧に記入することを心がけることが，間違いやミスを防止するテクニックです。工事現場での測量は，測量を専門に行っている人とは違い，施工管理や品質管理などの業務をこなしながら行うので，野帳への記入は間違えないルールを作る

野帳の記入例

野帳の左ページ

2015/04/01 A1橋台 掘削丁張測量（日付と測量内容を記入）
（後視）（機械高）（前視）（地盤高）（計画高）

測点	BS	IH	FS	GH	PH	差
KB1				22.352		
	3.523	25.875				
No.1杭			2.325	23.550	23.257	↓0.293
No.2杭			2.556	23.319	23.257	↓0.062
TP1杭			1.625	24.250		
	2.560	26.810				
TP2縁石			3.663	23.147		
	1.875	25.022				

※一般的には，ここにBSを記入するが，1行下げて記入する
レベルの読みは1行に1つずつ記入すると，測量した順番が明確になり，BSとFSを反対に記入しても，後からすぐに間違いに気付くことができる

自分流　野帳記入法のすすめ
工事測量は測量を専門に行っている人とは違い，施工管理や品質管理などをこなしながら行うので，野帳への記入は自分流の間違えないルールを確立して，忠実に厳守することが大切である

野帳の右ページ

コメントやフリーハンドで概要図を記入する

ターニングポイントなどの位置平面図を記入する

工事測量では測定ポイントなどの位置平面図を記入する

横断測量では，断面図と測定番号を記入する

ことが重要です。

　野帳への記入上の注意点は，以下のとおりとなります。

　イ．測量ごとに新しいページに移動し，測量日，測量目的の内容を記入する

　ロ．丁寧に記入する

　ハ．水準測量では，BS（前視）とFS（後視）の読みは1行に1つだけ記入する

　ニ．右のページには，コメント・平面図・横断図を記入しておく

　野帳は自分だけのものではありません。野帳は，丁張（遣り方）同様に測量技術者の製作物です。他の人に見られても恥ずかしくないように記入することで，プロ意識も高くなると考えてください。もし，測量に間違いがあった場合は，すぐにトレースできるようにしておくことが大切です。

⑧ スタッフマンがやるべき水準測量の精度を上げる方法

　水準測量はレベルマンとスタッフマンのコンビで行いますので，2人の呼吸が何より大事です。もし呼吸が合わないと，お互いイラだって最悪の場合は，再測ということになりかねません。普通，スタッフマンは測量技術の力量が高い人が行いますが，レベルを読む経験が少ない人や新入社員の場合は，経験の少ない人にスタッフマンを行わせるときがありますので，以下の注意点を確認しておきましょう。

　イ．スタッフは垂直に立て，ゆっくりと振るようにする

　ロ．スタッフの目盛を手で隠さないように，両手で挟み込むように持つ

　ハ．測量杭をターニングポイントにする場合は，杭の一角に印を付け，そこにスタッフのコーナーの1点を杭にのせる（杭の頭全体にスタッフをのせると，杭の傾きで，レベルマンが正確に読み取れない）

　ニ．スタッフの底を確認して，泥や異物が付いていないか確認をする

　ホ．スタッフを伸ばしたとき，きちんと伸びきっているか確認する

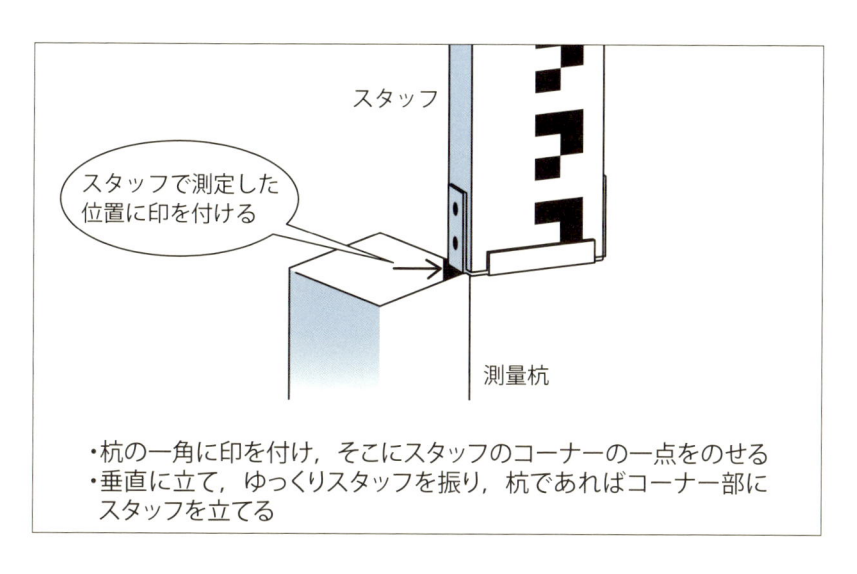

スタッフ

スタッフで測定した位置に印を付ける

測量杭

・杭の一角に印を付け，そこにスタッフのコーナーの一点をのせる
・垂直に立て，ゆっくりスタッフを振り，杭であればコーナー部にスタッフを立てる

(スタッフがカチンと音がすることを確認)
ヘ．スタッフの底は頑丈に造作されているが，スタッフの底が潰れているものや，古くなり目盛がかすれているようなものは使用しない
ト．夏の日の陽炎が出るような暑い日は，なるべく早朝の時間帯で行う
チ．陽炎がある場合はターニングの距離を短くして，スタッフの読みが正確に読み取れるようにする
リ．BS（前視）・FS（後視）の距離を同距離とする

水準測量の精度はスタッフマンの力量次第で向上し，精度が得られない場合は，80％がスタッフマンの責任と言えるでしょう。

（4）必ず行わなければならないチェック項目

① 水準測量では以前に設置した丁張（遣り方）にぶつけて高さをチェックする

チェックを常に行うことは，工事測量にとって最も重要なことです。

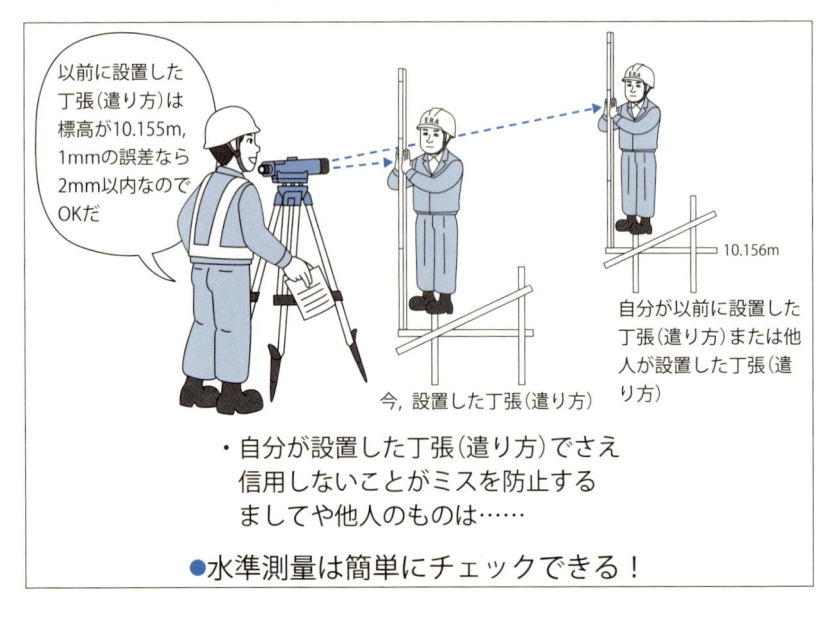

以前に設置した丁張（遣り方）は標高が10.155m，1mmの誤差なら2mm以内なのでOKだ

10.156m

今，設置した丁張（遣り方）

自分が以前に設置した丁張（遣り方）または他人が設置した丁張（遣り方）

・自分が設置した丁張（遣り方）でさえ信用しないことがミスを防止するましてや他人のものは……

●水準測量は簡単にチェックできる！

Ⅰ 間違えない工事測量スキル

しかし現場で必要な資材を注文したり，急な協力業者からの要請で測量を中断して段取りをしたりすると，翌日になってしまうなど途切れ途切れの測量となることが多々あります。このような状況下で測量のミスが発生します。後から考えれば，「チェックをしておけば……」と後悔は先に立ちません。チェックを忘れないようにするためには，日付と時間とチェックの有無を野帳に書き記すことがミスを予防します。翌日に

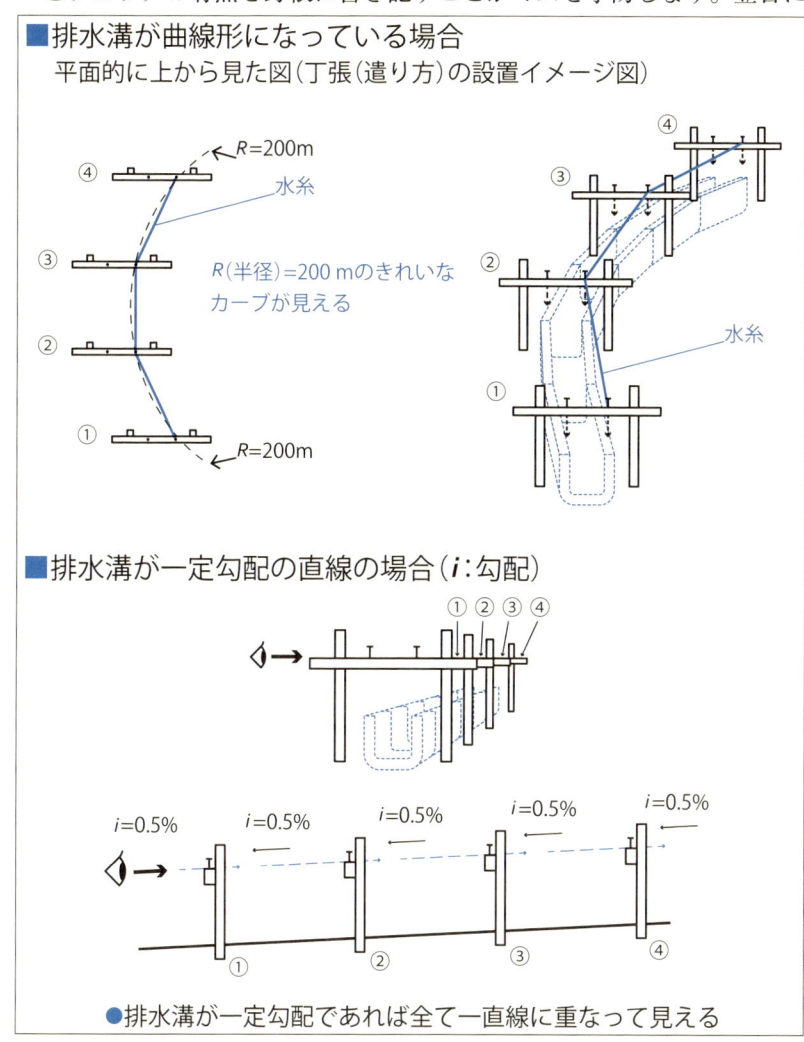

■排水溝が曲線形になっている場合
　平面的に上から見た図（丁張（遣り方）の設置イメージ図）

R（半径）＝200 mのきれいなカーブが見える

■排水溝が一定勾配の直線の場合（i：勾配）

● 排水溝が一定勾配であれば全て一直線に重なって見える

41

なってしまった測量の開始時には，前日の野帳を必ず確認しましょう。野帳に「チェック」と自分なりに書いておくだけでも「測量を始める前にチェックをしよう」となります。**チェックをすればミスは確実に防止できます。**

　水準測量では測量開始時に以前設置した丁張（遣り方）をチェックすることで，レベルの機械高さが正確であるのか判断できます。したがってチェックした後に設置する丁張（遣り方）には自信を持つことができます。「測量は正確で当たり前」を実践するためのチェックです。

② 丁張（遣り方）を設置したら目でチェックする

　排水溝や道路の縁石などで曲線形になっていた場合は，丁張（遣り方）に水糸を張り，その線形を目でチェックしてください。「きれいな曲線になっているか」，「直線で折れがない」かの確認は，水糸を使う方法がよいでしょう。水糸を張ってみれば，きれいな曲線でも直線でも，でき上がる姿を想像することができます。

　切土勾配・盛土勾配を示した丁張（遣り方）でも見通せば，単曲線となっている場合でもクロソイド曲線の場合でも，線形の確かさを確認できます。直線であれば分かりやすく，見通したとき一直線に丁張（遣り方）が並んで見えます。

③ 設置した主要点や丁張（遣り方）は，設置した測量方法と違う方法でチェックする

　座標を使用して主要な丁張（遣り方）を設置した場合は，特に注意してください。重要な構造物の位置についても座標だけでなく，線形上からチェックするなどして，構造物を構築する前までに，別の測量方法によってチェックを行うと測量のミスは防止できます。トータルステーションは，距離のある場合でも簡単にできますので，いろいろなチェッ

I　間違えない工事測量スキル

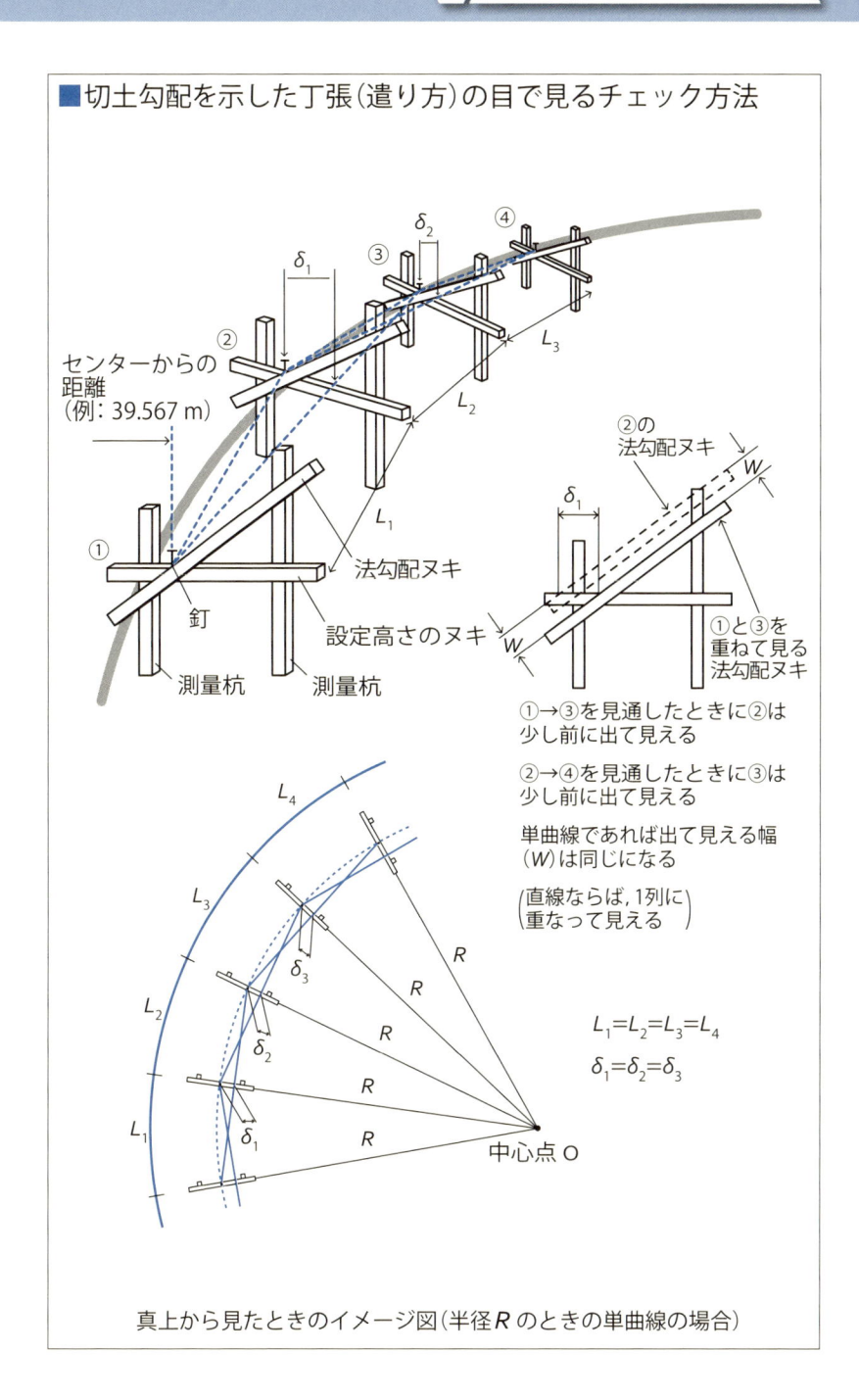

■切土勾配を示した丁張（遣り方）の目で見るチェック方法

センターからの距離（例：39.567 m）

釘
法勾配ヌキ
設定高さのヌキ
測量杭　測量杭

②の法勾配ヌキ
①と③を重ねて見る法勾配ヌキ

①→③を見通したときに②は少し前に出て見える

②→④を見通したときに③は少し前に出て見える

単曲線であれば出て見える幅（W）は同じになる

（直線ならば，1列に重なって見える）

$L_1=L_2=L_3=L_4$

$\delta_1=\delta_2=\delta_3$

中心点 O

真上から見たときのイメージ図（半径 R のときの単曲線の場合）

43

ク方法を考えて実践してください。さまざまな方法でチェックを実施して，自分が行った測量が正しいと判断できるようになれば，測量が楽しくてたまらなくなります。**測量は好きになればなるほど進歩が早く，ミスをしなくなります。**

④ 他の人が設置した丁張（遣り方）に記入された高さや距離は絶対に信用しない（自分の設置したものでもチェックしてから使うこと）

　測量のプロでも間違いや勘違いは，必ずと言っていいほどあります。しかし，プロは必ずチェックをして間違えないようにしているのです。仮に，1週間前に測量のプロが設置した丁張（遣り方）に対して，当日にチェックする時間がなかったとします。測量のプロは，次回の測量時にチェックしようと考えていました。

　しかし，たまたま測量の工程が逼迫し，ほかの箇所を急ぎで行うために，他の人に引き継ぐことになったとして，もしチェックしなければならないことの申し送りを失念していたら，大変なことになります。引き継いだ人が測量技術の力量に不安のある人だったら，さらに不幸は重なります。測量のプロが設置した丁張（遣り方）なら信用できるだろうとチェックをしなかったときに限って，測量のプロが勘違いをしていたりします。引き継いだ人がチェックをしなかったために，構造物を取り壊すなどのトラブルが発生してしまいます。

　このような事態は，いつでも起こりうる事象なのです。**このため，ほかの人が設置した丁張（遣り方）に記入された高さや距離は絶対に信用しない，自分の設置したものでもチェックしてから使うことが重要な測量の基本姿勢となるのです。**測量の怖さは，どこにでも潜んでいるのです。

3 測量の間違いを生む原因は身近にある

　測量のミスは測量を行う者がチェックを怠ったり，手順を省略したり，野帳への転記ミスだったり，全てが本人の不注意に原因があります。特に車の運転と同じで，慣れてきた頃に油断から思わぬ失敗をすることがあります。慣れは怖いもので，知らずと手順を省略しているのです。

　したがって，現場におけるチーム全体で事細かに，測量が正確であるかをチェックすることが必要になります。現場のチーム全員が工事測量の達人であれば，重要構造物の位置関係や線形などをチェックしながら現場を巡視していきますので，1mも狂うような大きな間違いは予防できます。

　しかしながら，さすがに達人でも10cm程度のミスは発見できません。そこで測量の経験の浅い人や測量に慣れてきた人に対しては，測量の達人が現場を巡視しているときに声掛けをするなどして，注意を喚起することが重要になります。「今日の丁張（遣り方）の高さと前からある丁張（遣り方）の高さの誤差はどのぐらいでしたか」と測量を行っている人に声掛けをすれば，測量者が確認をしているなら「2mmの誤差です」と答えがすぐに返ってきます。チェックを行っていなければすぐにチェックを行い，後で報告を受ければよいことになります。**ちょっとした声掛けで，測量間違いの芽を摘み取ることができるのです。**

　毎日図面を見ているにもかかわらず，忙しさの中で「隣接する構造物との取り合いをチェックしていない」ことや「CAD上での照査をしていない」などのことが後に問題となります。現場のチーム全員で測量ミスの芽を摘み取るように，誰にでも「チェックをしたのかな」と何回でも口に出して，確認が取れるまで声掛けを行ってください。前述のとおり，工事測量の間違いの原因を考えて，それを排除することが大事なのです。

　工事測量の間違いの原因を以下に列挙しますので，再度確認してください。

（1）単純なミス
- ネジのゆるみや締め忘れなど機器の不具合
- 測量機器を正確に設置したとの思い込み
- 三脚の踏み込み不足で機器が動いていたなど

　他にも単純な原因はあるかもしれませんが，一つ一つをチェックしながら，測量機器の設置を行います。なお，測量の途中でも動きの有無や水平の確認などをしながら，測量を進めることが重要です。

（2）計算の誤り
- 水準測量における電卓による単純な計算ミス
- 野帳の記入が不明瞭で，間違った数値での計算
- 現場で座標計算をして座標値を取り違えていたなど

　仕事に追われ，現場で重要な計算を行うと必ず間違えます。前日に事務所で，ゆっくりと余裕を持って計算をしましょう。

（3）設計図面の理解不足・勘違い
- 図面を忘れ，間違った記憶にたよる
- 図面をサラリと見て，理解したと勘違いする
- 左右を逆に判断する
- 同じ構造物が連続している場合に隣の構造物の図面で測量するなど

　図面番号の読み合わせや部分的な寸法が知りたい場合でも，関連したほかの部分の寸法を確認して間違っていないか，ゆっくり時間をかけましょう。

（4）測量結果の打合せ・引継ぎ・施工者への指示が不適切
- 丁張（遣り方）に書き込んだ高さ・幅・長さ・上端・下端の記入が不明瞭なため，間違えて施工してしまう

- 入れ替わった施工者に対して，丁張（遣り方）の説明をせずに施工させる
- いつもの設置の仕方と異なった丁張（遣り方）を設置するなど

　丁張（遣り方）は，測量技術者の製作物であるので，その品質の保証は重要です。自分で設置した丁張（遣り方）は自らが施工者に明確に説明をし，施工者と同一の認識であることを確認しておきましょう。

(5) 基準杭・控え杭の確認不足

- 基準杭の場所を間違える
- 2～3カ月以上前に測量した水準点をチェックせずに使用する
- 間違えたベンチマーク高さ（BM高さ）の地盤高さを使用する
- 自分以外の人が行った丁張（遣り方）を信用して測量する
- 自分で以前に設置した丁張（遣り方）を信用して測量するなど

　基準杭の確認不足は，大問題に発展する可能性があるので，重要な杭は二度，三度と確認するようにしましょう。他人が出した丁張（遣り方）や自分が設置した丁張（遣り方）でさえ，信用せずに再測量して，間違いのないことを確認してから引用してください。

第Ⅱ章 おろそかにしない基礎スキル（盛土・切土・軟弱地盤）

1 盛土編

　土工事の盛土に関して，管理というと締固め曲線から土の含水比と締固め度を想像してしまいがちですが，現場に必要な施工管理となると意外に「何だろう……」と考えてしまうのではないでしょうか。盛土工事は，構造物工事と違って，日々変化して同じ状態ではありません。そこで，若年技術者に必要なことは，日々変化していく現場を「毎日，歩いて，見て回る」ことなのです。さらに，天気を読んで段取りを考え，盛土の法面に雨水が流れ出さない対策を講じておくことが大切なのです。

　特に，降雨前に行った対策が，降雨中に適切であるかを確認することや，降雨後に法面の状態や，湧水の発生などを見て回る癖をつけておくことが大切です。土工事は雨との闘いなので，「雨降りは楽しい」と心の切り替えができれば，現場管理に余裕が生まれます。

　土工事における盛土の施工ポイントを理解し，高品質な土構造物を創造するために活用してください。

（1）盛土の敵は「水」である

　土工事の盛土で問題が起こる原因は，全て水です。雨水や地下水などの水処理の善し悪しが，土構造物の品質を左右します。自然の山間部においても，台風による集中豪雨や突然のゲリラ豪雨が，法面の深層崩壊や表層崩壊を引き起こします。ましてや施工した盛土は，土を切崩し，運搬し，敷均し，転圧して作り上げたものなので，数万年も前からある自然の山々よりも，水に弱いのは明らかです。つまり，水は盛土の大敵なのです。

　その水の怖さを知ることが，土構造物の品質を向上させる施工のポイン

トとなります。

　例えば，盛土の安定をやさしくシンプルに考えてみると，最初に安全率を算出します。安全率は下式で求めますが，抵抗する力がすべらす力よりも勝っていれば，盛土は安定することになります。つまり，安全率（fs）≧ 1.0 が盛土の安定の前提条件となります。

$$安全率（fs）= \frac{抵抗する力}{すべらす力}$$

すべらす力の算出は，

　　すべらす力＝スライスの全重量 W
　　　　　　　$× \sin$（円弧中心とすべり面を結ぶ線が鉛直となす角度$α$）

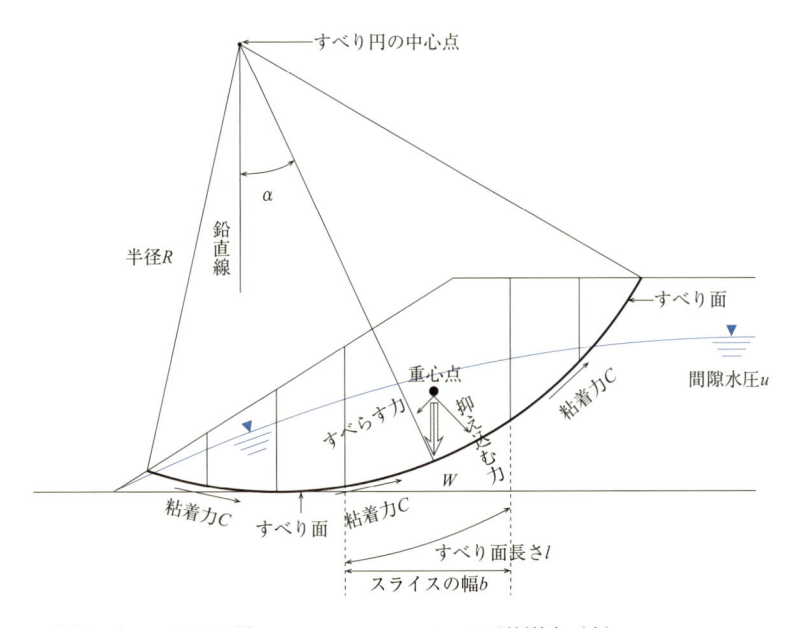

C：粘着力（kN/m² (tf/m²)）
l：スライスで切られたすべり面の長さ（m）
u：間隙水圧（kN/m² (tf/m²)）
$α$：スライスで切られたすべり面の中点と，
　　すべり面の中心を結ぶ直線と鉛直線のなす角（度）
$φ$：せん断抵抗角（度）
W：スライスの全重量（kN/m (tf/m)）
b：スライスの幅（m）

図 II-1　円弧すべりによる安定解析

となります。

　また抵抗する力の算出は，
　　　　抵抗する力＝すべり面の長さ l ×粘着力 C ＋スライスの全重量 W
　　　　　　　　　×cos(円弧中心とすべり面を結ぶ線が鉛直となす角度 α)
　　　　　　　　　×tan(せん断抵抗角)

となります（**図Ⅱ-1**)。

　ここで，盛土内に水があると分子の抵抗する力から，水圧分 (u × cos α × tan ϕ) が差し引かれるため，抵抗する力の値が小さくなり，盛土の安全率は低くなります。このように水が盛土の安定性に大きく影響を与えることになります。

(2) 盛土の安定は地下排水工で

　盛土内に水がなければ，盛土は永遠に安定すると考えられます。一般に，盛土直後が斜面安定の安全率が一番低い状態であり，時間が経てば経つほど安全率は高くなります。ただしこれには，盛土内に水が浸入しないという条件が付きます。

　では，盛土内への水の浸入を防ぐには，どうすればよいのでしょうか。その答えは簡単です。盛土をする前の地盤に地下排水工を設けることで，水の浸入を防ぐことができます。おそらく新たに盛土するところは，以前は田んぼや畑地であることが多いと考えられます。そこには水を供給するために，水路が張り巡らされていたと予測されます。そのような水路は盛土した後でも水の通り道となり，盛土内に水が浸入する経路になってしまうと考えられます。

　したがって，必ず地下排水工を設置して，盛土内への水の浸入を防止しておきましょう。都合の良いことに，その水路は水が流れる勾配となっていますので，地下排水工から流れ出る水をその下流で盛土の外へスムーズに排水させることができます。また水が流れていたところは，湧水が存在

していることがあるので注意して観察しましょう（**図Ⅱ-2**）。

　以上のことをまとめると，水路は長年の利用から水の通り道となっており，その流れを妨げると盛土内に水が浸入してしまうので，設計図書に計画されていない場所に，湧水や水路があった場合には，必ず発注者と協議して地下排水工を追加しておきましょう。**"湧水は盛土してしまえば，水が止まるだろう"などと考えていては，長雨の後の豪雨や地震で簡単に崩壊してしまうことになり，品質の良い土構造物を構築することはできません。**

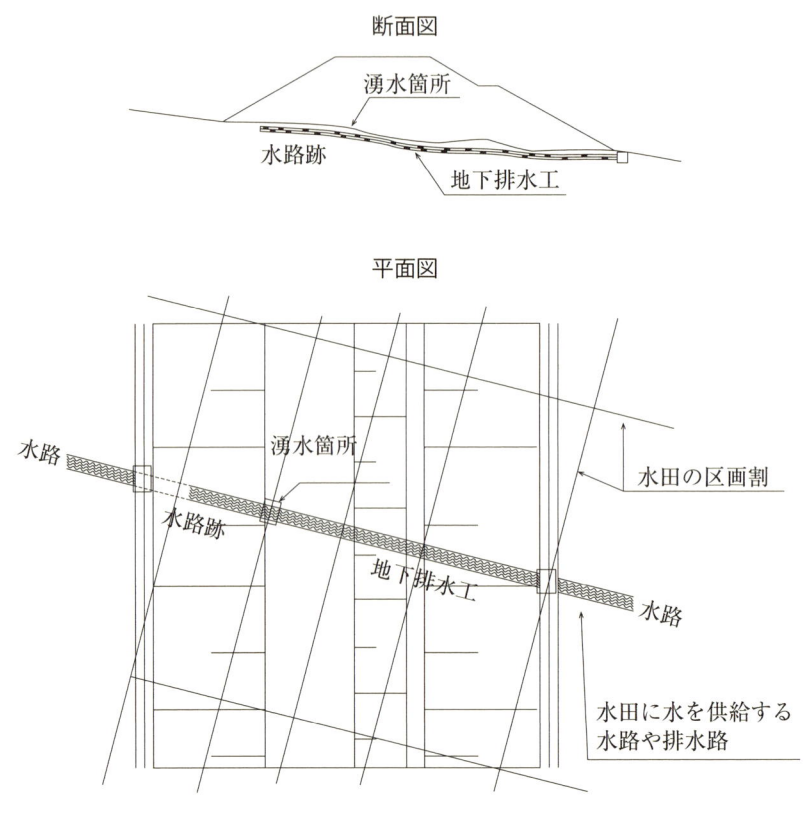

断面図

湧水箇所
水路跡
地下排水工

平面図

水路
湧水箇所
水路跡
水田の区画割
地下排水工
水路
水田に水を供給する水路や排水路

水田の水路には地下排水工を必ず設置して，盛土内の地下水位の上昇を防止する

図Ⅱ-2　地下排水工の設置

（3）腹付け盛土は段切りと湧水処理を

　腹付け盛土とは，断面に切土部と盛土部が存在する箇所です。盛土部には以下の理由により，危険がいっぱい潜んでいます。

- 地山と盛土の境が一体とならないこと
- 湧水が盛土内に浸入しやすいこと

このため施工のポイントとして，次の点に注意してください。

- 地山と盛土を確実にかみ合わせるように「段切り」をすること
- 「切り盛りする境目」に縦断的・横断的に地下排水工を設置すること
- 「湧水箇所」を特定して地下排水工を設置すること

　そこで現場踏査をしっかりと行い，湧水箇所を特定しておかなければなりません。普段は出ていない湧水もあり，降雨後に湧いてくることもありますので，雨上がりにも必ず現場を歩いて観察しましょう（**図Ⅱ-3**）。

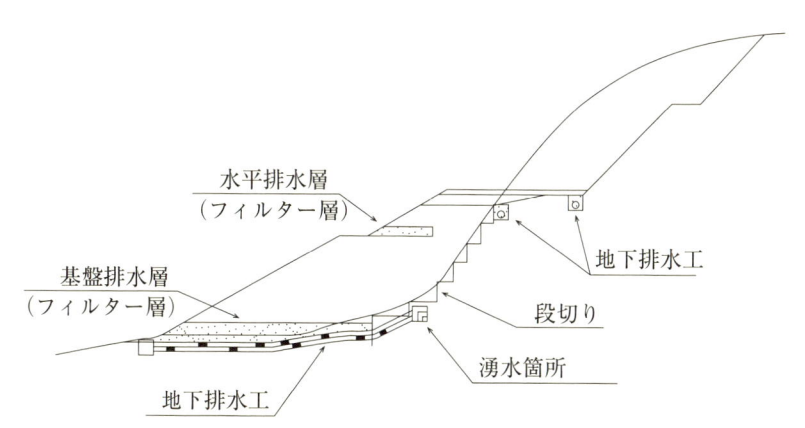

　腹付け盛土は段切りと湧水処理を施して，盛土を安定させる。湧水箇所や法面に雨水が流れ出ていないかをたえず現場踏査し，湧水を見つけたら，必ず地下排水工で盛土の外へ導く

図Ⅱ-3　腹付け盛土の断面図

（4）盛土法面には水を流さない

　盛土は，1層30cm程度ごとに土砂を敷き均し，転圧をして締固めます。

そのため，盛土を完成させるには，数カ月かかることになります。当然，盛土の施工期間内には，台風や集中豪雨がやってきます。その降雨時には，盛土工事を行うことができません。もし，法面に向かって排水勾配を取って施工をしていると，雨水は全て法面に流れてしまいます。法面に水が流れると，砂分が多く含まれる土は大きく法面が崩壊してしまいますし，粘性分が多く含まれる土はエロージョン崩壊やガリ浸食が起こります。いずれにしても盛土の法面に，雨水を流してしまうと盛土の品質は確保できま

断面図

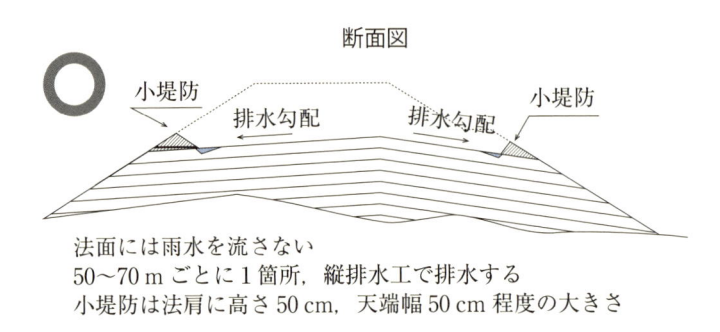

法面には雨水を流さない
50～70 m ごとに1箇所，縦排水工で排水する
小堤防は法肩に高さ 50 cm，天端幅 50 cm 程度の大きさ

断面図

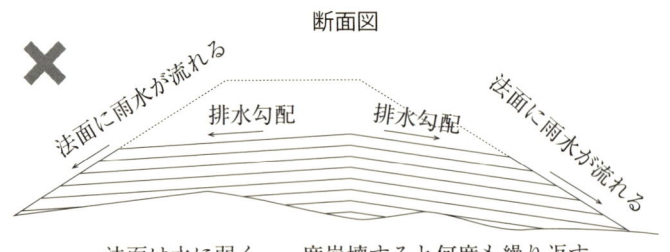

法面は水に弱く，一度崩壊すると何度も繰り返す

小堤防の概要図

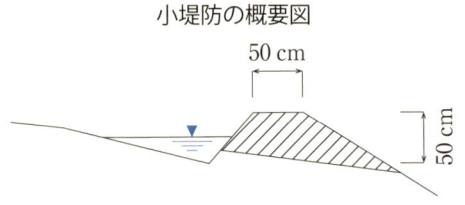

盛土法面には水を流さないように小堤防を設ける

図Ⅱ-4　盛土法面の雨水による崩壊図

せん。

　では，どのように排水をしたらよいのでしょうか。法肩に高さ50 cm，天端幅50 cm 程度の大きさの小堤防を設けて，延長50〜70 mに1箇所程度の縦排水工を設けて盛土上の雨水を外に排水します。**法面に水を流してはいけない理由は，流された法面に土砂を充填して法面を修復しますが，締固めが十分できないため，本体盛土と一体にならず弱点となり，降雨のたびに法面が崩壊するようになるからです**（図Ⅱ-4）。

注）エロージョン崩壊：切土や盛土にした法面が降雨などによって部分的な崩壊をすること。

　ガリ浸食：降雨などで発生した水の流れが地表面を浸食すること。

（5）大規模盛土は中央排水工法で工程を進める

　高速道路における併設されたトンネルに続く盛土箇所などでは，トンネルの離隔距離（通常は掘削幅の2倍程度）が必要となり，盛土全体の仕上り幅員が70 m以上もあるような大規模盛土になります。そのような幅員が大きい盛土には，雨水の排水に気をつけなければなりません。集水面積が大きくなり，ちょっとした雨でも大量の雨水が法面に流れるようになるので，あっという間に法面が崩壊します。前項の「（4）盛土法面には水を

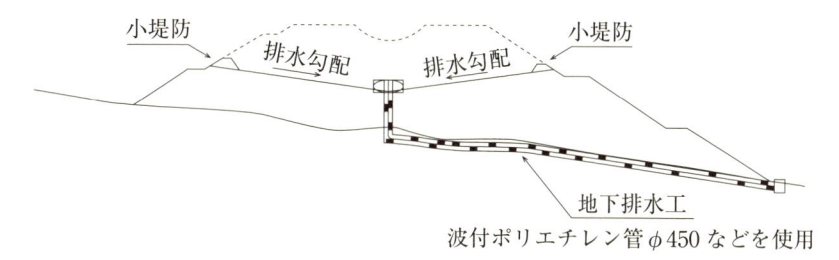

大規模盛土では，盛土の中央に雨水が集まるように排水を設けると大雨にも安心して盛土を管理できる
大規模盛土に有効な中央排水工法完成後も盛土内の間隙水を排水する

図Ⅱ-5　中央排水工法の断面図

流さない」で述べたように，法面には水を流してはいけないので，**盛土の中央に水が集まるように，中央排水工法による排水計画を採用します。**

この利点は，
- 盛土法面の崩壊の心配がないこと
- 将来にわたって盛土内に浸入してきた水を排水してくれる地下排水工となること

の2点があげられます（**図Ⅱ-5**）。

盛土の施工は，当初から排水計画を詳細に検討しておくと，台風や集中豪雨でも工程が遅れることなく，安全に工程を進めることができます。

（6）高盛土はフィルター層を設ける

盛土の崩壊には**図Ⅱ-6**に示すとおり，水が盛土内に浸入することで，崩壊する危険が増すため，以下の崩壊パターンが考えられます。

① 盛土幅員の1/3程度からの円弧すべり崩壊
② 盛土法肩から薄く円弧すべりする崩壊

断面図

法面崩壊の種類
① 盛土幅員の1/3程度からの円弧すべり崩壊
② 盛土法肩から薄く円弧すべりする崩壊
③ 法面表層の崩壊
④ 法面途中からの小崩壊

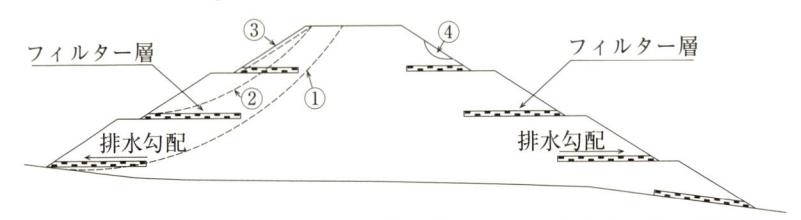

すべり崩壊する部分の水をフィルター層の設置により排水すると盛土が安定する

注）盛土をする前には現地踏査を行い，水路跡・湧水箇所には地下排水工により盛土内に水が浸入しないように盛土の外に排水しておく

図Ⅱ-6　盛土における法面崩壊の種類

③　法面表層の崩壊

　　　④　法面途中からの小崩壊

の4種類があります（**図Ⅱ-6**）。

　①，②については，盛土材料にも問題はありますが，これらの崩壊の原因は100％水にあると考えられます。

　全てのパターンに最も有効な対策は，小段ごとにフィルター層を設けることです。その理由は，順次盛土されて重さが増すことで，締固められた土砂が徐々に圧縮され空隙が少なくなってきます。土砂内の空隙全体が水で満たされ飽和した状態となると，土砂内に止まることができなくなった水が，余剰水として外に出ようとします。すると，盛土の外に出られない余剰水により間隙水圧が発生して，盛土の安定を脅かすようになります。

　そこで，透水性の良い材料によるフィルター層を設置しておくと，発生した余剰水を盛土の外に排水してくれる役目を担ってくれます。**余剰水は，毛細管現象により，圧力の少ないフィルター層へ移動していきますので，盛土内には間隙水圧が発生することはありません**。これで，地震が起こっても崩壊しない安定した盛土を造成することができます。

　ときどき，法面の植生が等間隔に水で滲んでいて，植生の勢いの良い箇所があります。これは，不織布フィルターを敷き排水層とした盛土です。工事が完成した後までも，盛土内の余剰水を排水していることがよく分かります。

（7）構造物との境の盛土は沈下する

　高速道路を走行していると，橋梁の手前と渡りきったところで，段差による衝撃を受けることがあります。また段差をカバーするように，舗装ですりつけている状況をよく見かけます。これは，橋梁の橋台背面の土砂が沈下してしまうという現象によるものです。

　段差を発生させない予防処置として，橋台背面に踏掛版を施工している

橋台がありますが、一般的には橋台背面の埋戻しには良質材を使用して裏込め工とします。裏込め材料が切込み砕石や硬岩などで転圧をしても、スレーキング（乾燥・湿潤による崩壊）が起きない材料であれば、沈下はほとんど発生しないと考えられます。

ただ裏込め材料として、スペック（規格）を満足していれば使用することができますが、材料に不安がある場合には締固めが不十分になる危険があり、注意が必要です。

裏込め工の施工において、構造物の際には、転圧機械が十分に寄ることができず転圧不足になってしまいます。転圧不足を補うための標準的な施工方法としては、橋台、擁壁、ボックスカルバートなどの背面の転圧に、振動ローラとタンパ（60～80 kg）を使用する手順となっており、また構造物の際1m程度は特にタンパ（60～80 kg）で転圧をするよう示されています。

したがって施工担当技術者は、締固め度を担保するために、構造物か

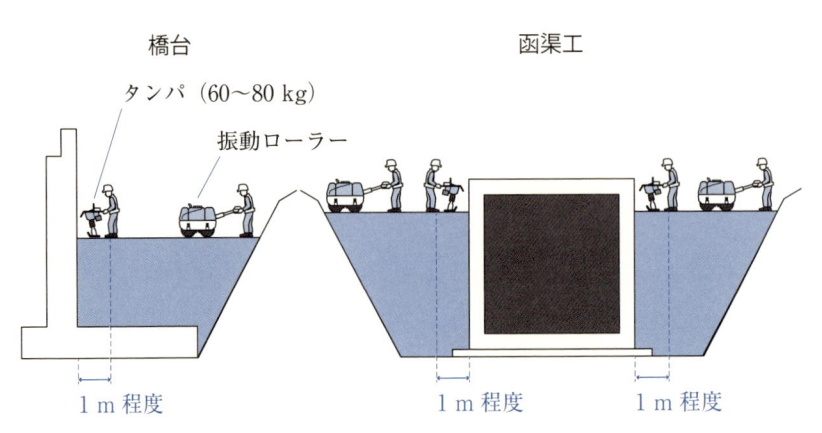

構造物との境は締固めを入念に行う
構造物の背面は沈下するので転圧に注意する
構造物の際約1m程度は、タンパ（60～80 kg）で転圧する
さらに、ハンドガイド振動ローラでよく転圧する

図Ⅱ-7　構造物と接する盛土の転圧

ら1m程度については，規定の撒出し厚さを確保して，タンパ（60〜80kg）による転圧を入念に行うようにしましょう（**図Ⅱ-7**）。

（8）法尻を補強すれば盛土できない材料はない

　礫混じり粘土の扱いには若干の注意が必要です。実際に盛土ヤードに運搬し，敷均してみると，湿地ブルドーザが動けなくなるような高含水比の盛土材料があります。土取り場では地山にトレンチを掘り排水しているものの，法面からの湧水もあり，土の含水比が下がらず盛土材料に適さないものがあります。そのような盛土材料を使用して10mを超える盛土を行うときに，斜面の安定を検討すると，安全率（fs）が1.0以下となり，盛土が崩壊する危険な状態となることが分かります。

　この場合，工事用道路を兼ねた透水性がある良質材を盛土の両側の法尻に先行盛土します。そして，その先行盛土の内側に高含水比の礫混じり粘土を盛土します。この施工方法のメリットは，法尻補強された高さの分だけ円弧すべりの半径が上にあがり，円弧すべり半径が小さくなることで，盛土の安定を確保することができるようになります（**図Ⅱ-8**）。

　したがって，両側の法尻補強の高さを決める方法としては，斜面の安定解析を何回かトライアルして，盛土の安定を確保できる高さを見つける手順となります。さらに，「（6）高盛土はフィルター層を設ける」でふれた高盛土のフィルター層（不織布のフィルター材も可）を最小すべりの円弧の外側の範囲まで敷設し，間隙水を排水することで，安全に盛土を行うことが可能になります。

　もう一度確認すると，土工事の盛土の施工に関して，**土木技術者にとって必要なことは，現場を「毎日，歩いて，見て回る」ことなのです。常に，天候を把握して，法面を崩壊させない施工管理を心がけることなのです。**これが，土工事の盛土に関するスキルアップ術となります。「雨降りが楽しい」と思う心の余裕で，変化していく現場の面白さを実感してください。

安定解析結果から法尻補強高さ（H）を決定する
① 円弧すべり崩壊線（安全率 $fs<1.0$）
② 円弧すべり崩壊線（安全率 $fs>1.05$）

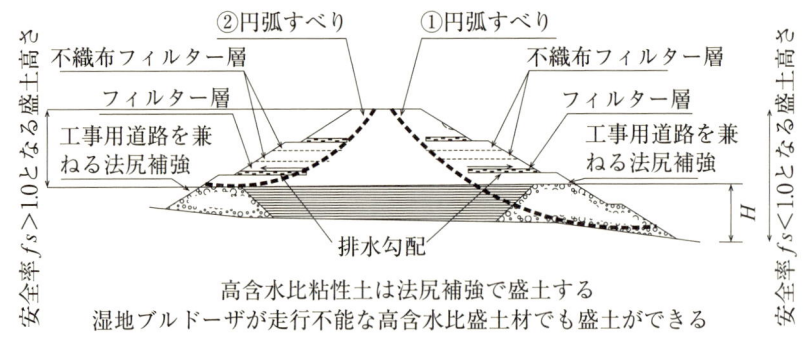

図Ⅱ-8　法尻補強の断面図

2　切土編

　土工事の切土とは，土をほぐして撤去することです。その撤去された土の下の地盤から見れば，押さえ付けられていた重石（撤去した土のこと）がなくなってしまうことなのです。簡単に考えると，重石を外された地盤は，応力が解放され伸び伸びとしている状態となります。すると応力が解放された地盤とは，重しが取れるので，人間も同様ですが，少し羽目を外すようになります。地盤が羽目を外すとはリバウンド（膨張）することですが，そのリバウンドのためいろいろな問題が発生すると考えてください。

　また，天候の変化にも注意しましょう。雨の心配は盛土工事でも同様ですが，施工管理のポイントとして，大変重要となります。

　本編では土工事の切土の施工ポイントを理解し，安全に工程を進めるために活用してください。

（1）天気の達人への道

　その土地の天気の達人になると，土工事の段取りが格段によくなります。1時間後に雨が降るという予測ができれば，土取り場においては切土箇所を狭（せば）めて，雨水が溜まらないように段取り替えができます。また，盛土箇所では入念な転圧と排水対策が可能となり，法面に雨水が流れ出すことを防止できます。

　そんな雨を予測できる術を関係者に教育しておくと，たとえば土運搬をしているダンプトラックの運転手が「監督さん，あの山に雲がかかったから，もうすぐ雨が降るよ」と情報をくれるようになります。人は天気のことが分かると少々得意になれるもので，関係者の誰もが天気の達人になり，法面が崩壊しないような段取りを考えるプロの土工事最強軍団となるのです。

■天気の達人への道

あの山に雲がかかったぞ
現場には後1時間で
雨が降り出すぞ

土取り場は雨水が溜まらないように段取り替えを

農家の人は天気の達人です
友人になれば
あなたもいつしか達人に

盛土箇所は，入念な転圧と排水対策をしよう

― コ・ラ・ム ―

　「天気の達人になるためには，気象予報士の勉強をすればよい」とは限りません。切土工事は繁華街ではなく，郊外での仕事となります。そこには田んぼや畑があります。それらを管理する農家の人がいます。実は，農家の人は天気の達人なので，その土地の天候を毎日観察しているのです。

　自身の経験談で恐縮ですが，工事が始まる前の準備期間中や工事開始の初期の頃は，田んぼや畑で作業している方を見かけると「おつかれ様です」と言いながら笑顔で挨拶をして，「この辺りはのんびりして良い土地柄ですね」などと言いながら話しかけます。その話の中で勧められたものや，なるほどと思ったことなどを一つ実行してみます。次に会ったときにその経験したことを話せば，ぐっと親しい関係になってきます。それから，2回か3回そんな話をした頃に，「この間の急な雨にはびっくりしました」などと天候の話を出すと，すかさず農家の人は，「あの山に雲がかかると1時間で雨が降るよ」と何気なく教えてくれます。「そうですか。季節によっても違いがあるのですかね」などと聞けば，春夏秋冬の雲の動きと天候の変化を教えてくれるのです。

　実はそんな農家の人を3人ぐらい見つけておくと，さらに深い情報を得ることができますし，情報の真贋（しんがん）も検証ができます。天候の変化は，その土地に生きている人の情報が一番正確なのです。受け売りの天気術ですが，その土地の天気の達人になれる近道です。

（2）切土をすると水が集まる

　道路建設などで先行する工事は，橋梁下部工の工事です。下部工の施工を行う場合には，橋台位置まで進入路として勾配10〜15％程度の工事用道路を造成します。また，橋台を施工するためには施工ヤードが必要となります。

　したがって，橋台付近は完成断面の道路幅員での切土工事が行われ，工事用道路から施工ヤードまで合わせると大きな集水面積となります。一番

低い場所となる橋台の施工位置は，雨水の溜まり場となります。

　そのような構造となる切土は，集中豪雨，ゲリラ豪雨による雨水の排水の流末が未整備により，法面の崩壊が想定されます。橋台の掘削箇所は水を溜めるプールとなりますが，大きな集水面積から集まって流れ込んだ雨水を溜めることができずに，橋台から谷側の法面に激流として溢れ出すことになります。流れ出た雨水によって，法面は崩壊の危機に直面します。このようなときは雨が止むまで，どうすることもできません（図Ⅱ-9）。

　しかしこの手順で工事を行う場合，舗装工事と排水系統が完成するまでの間の安全対策となりますが，先行して流末排水を整備しておけば，雨水の排水に苦労することはありません。当初から流末排水の計画がある場合は，先行して排水整備を行いましょう。当初計画にない場合は，集水面積からどの程度の排水断面が必要かを検討し，発注者と協議して流末排水を先行施工するようにしてください。谷側法面の流末排水溝の元設計がコンクリート二次製品となっていれば，持ち運びが楽なコルゲートタイプの柵渠へ変更しておきましょう。

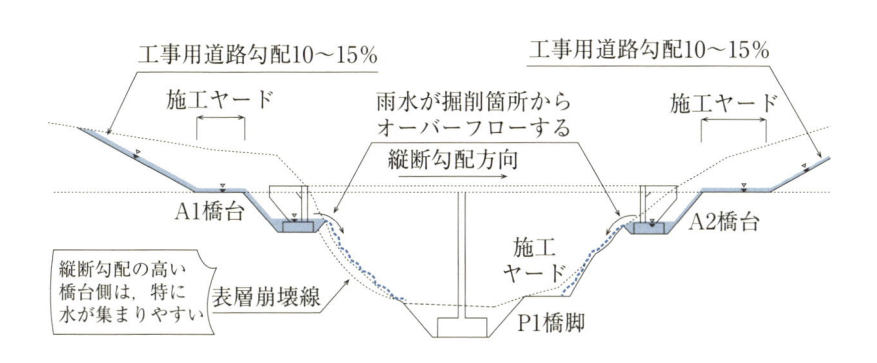

切土をすると水が集まる
台風や大雨時にオーバーフローする
切土工事の前に橋台下の流末排水を整備する

図Ⅱ-9　切土工事における集水と排水

将来予測できる苦労は，事前に対処しておくことで，雨の日の危険を回避することができるのです。

　また均しコンクリートを打設し，鉄筋の組立てが完了した頃に豪雨があると，掘削箇所に雨水が土砂を伴って勢いよく流れ込み，鉄筋を埋めてしまうという想定もできます。このためフーチング型枠を建て込むまでの間は，土のうなどによって土砂が流れ込まないように掘削箇所内にも排水対策を実施しておきましょう。

（3）切土の崩壊は天端のクラックから

　先にも述べましたが，切土とは切り取られた地盤から見れば，重石を外された状態と考えられます。工学的に考えれば，一般に重たいものが取り除かれると，モノは少なからずリバウンド（膨張）します。したがって，残された地盤も同様にリバウンドすることになります。スポンジのように膨らんでも亀裂が入らなければ問題はないのですが，土がリバウンドすると膨らむことができないので，細かいクラックが入ることになります。このクラックに雨水が入ると水圧がかかることになります。

　仮に，切土した法面の法肩の上方にクラックが入り，そのクラックの深さが10 m あるとしたら，10 m 下では $98\ kN/m^2$（$10\ t/m^2$）の水圧がかかっていることになります。クラックによって浸入した水が，$98\ kN/m^2$（$10\ t/m^2$）の水圧で法面を崩壊させようと悪さをするようになるわけです。つまり切土法面は切土後，時間の経過につれ，崩壊の危険度が高くなっていくのです（図Ⅱ-10）。

　こう考えると切土工事は危険であると考えがちですが，全ての法面が崩壊することにはなりません。崩壊する法面には弱点が存在し，その弱点を知ることで，法面の崩壊予測ができることになります。その主だった弱点を以下の「(4) 切土法面の暗青色は地下水位のライン」，「(5) 流れ盤は気を付けろ」，「(6) 硬い岩盤上の土砂に気を付けろ」，で述べていきます。

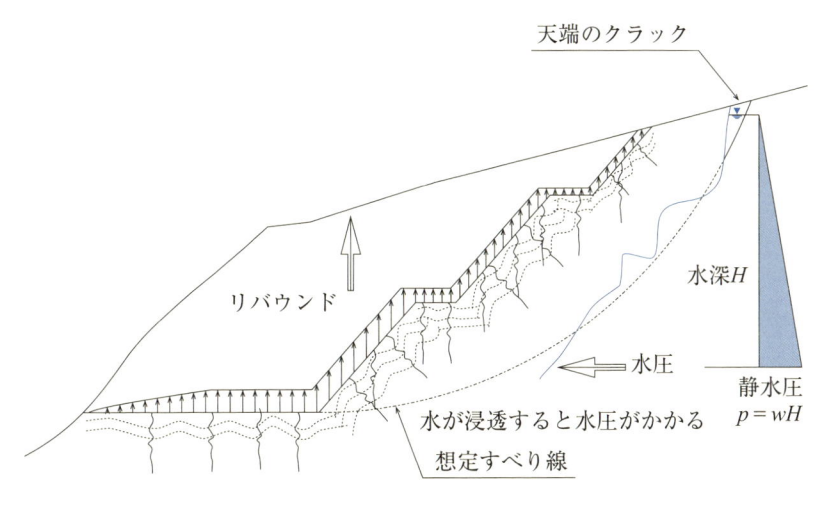

図中ラベル：天端のクラック／リバウンド／水深H／水圧／静水圧 $p=wH$／水が浸透すると水圧がかかる／想定すべり線

リバウンド（膨張）すると無数の細かいクラックが入る

図Ⅱ-10　切土崩壊と天端

（4）切土法面の暗青色は地下水位のライン

　風化している地層と，風化していない地層の見分け方は簡単です。切土した直後の法面を観察していると，茶褐色の地層の下に暗青色の地層が出てきます。茶褐色と暗青色の境目が，実は地下水位の高さと一致します。**一般に，地下水位が上下する地層は酸化して茶褐色を呈するようになりますが，地下水位が常時ある地層は水の中なので酸化せずに暗青色をしています。**

　しかし現場を常に観察していないと，切土して時間が経つと表面から風化が進行し，酸化してすぐに茶褐色となってしまいますので，境目が分からなくなります。そんな境目が現れたら，法面状態を写真で残すようにしましょう。理由は概して，風化層（茶褐色）と風化していない層（暗青色）の境で崩壊する可能性が高いためです。

　そのような法面は切土直後は湧水が多く，切土法面でも湧水によるガリ浸食などが発生します。徐々に，湧水位置は下方に下がっていきますが，

■切土法面の暗青色は地下水位ライン

地下水位が上下する地層は酸化して茶褐色

地下水位

風化層

茶褐色

小段

暗青色

風化していない層

地下水位が常時ある地層は水の中なので暗青色

概して，風化層（茶褐色）と風化していない層（暗青色）の境（地下水位ライン）で崩壊する可能性が高い

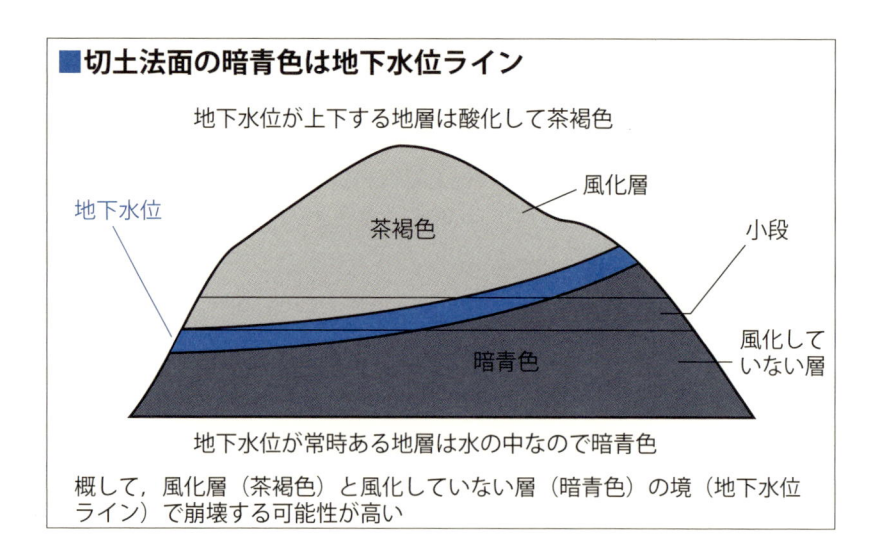

稀に湧水が出続けることもありますので，切土法面でも湧水を導く対策が必要となります。したがって切土法面の法尻には，地下排水工を配置して，地下水位を下げるようにしましょう。水がスムーズに法面の外に排水されると，水圧がかからず切土法面の安定につながります。

（5）流れ盤は気を付けろ

　切土された法面は，今まで押えがあったので崩れることはなかったのですが，その押えを取り払った状態となります。そのとき，地層が切土法面に対してすべる方向に堆積していた場合は，法面の崩壊が想定されます。すべり落ちるように堆積した地層を流れ盤と言います。**流れ盤は切土しなければ安定していたのですが，切土することによってバランスが崩れるのです**（図Ⅱ-11）。

　仮に薄い粘性土層が存在すれば，そこがすべり面となり崩壊する危険が大きくなります。特に，流れ盤の地層傾斜角が30〜45°の間が崩壊しやすいと言われています。対策としては，その地層傾斜角と同程度の切土法面勾配とするか，それより緩い勾配とすることがよいと考えられています。

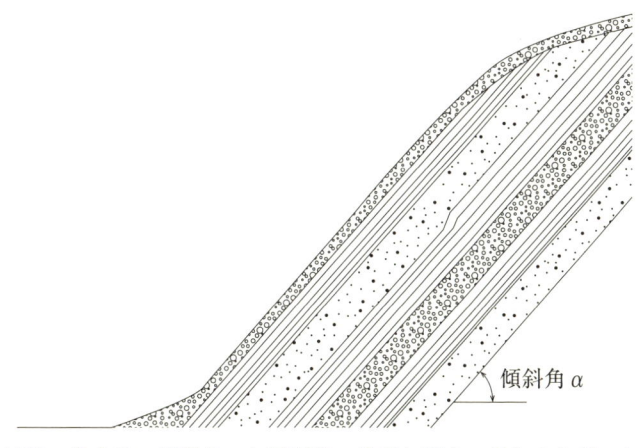

30°＜α＜60°の場合は，傾斜角αと同程度の法面勾配か，それより緩い勾配に
『道路土工－切土工・斜面安定工指針（平成21年度版）』(公益社団法人 日本道路協会)

図Ⅱ-11　流れ盤と傾斜角

（6）硬い岩盤上の土砂に気を付けろ

　法面に対して，硬い岩盤が流れ盤となるような傾斜があり，その上に透水性のある崖錐層（急傾斜地などで岩屑類が堆積してできた地形）がある場合には，切土して降雨により雨水が崖錐層に浸透していくと，雨水が崩壊の潤滑剤となり切土法面の崩壊が起こる可能性があります。硬い岩盤だけでなく水が浸透できない粘土層でも，同じように切土法面の崩壊の危険があります。上方から浸透した水が浸透せずに止まる場所は，すべりやすくなるからです。「1 盛土編」でも述べたように，法面の安定は，すべらす力以上に抵抗する力があれば崩壊することはありません。

　しかし地下水が存在すると，すべりに抵抗する力から水圧分を差し引かなければなりません。したがって盛土のときと同様に，切土でも水が溜まると法面に「悪さ」をするようになるのです。設計図書にある土工事の横断図を見れば，硬岩，軟岩，土砂の区分けがあるので，推測することができます。**そのような切土法面は，切土した土砂の種類（透水性のある崖錐・砂・礫）や湧水の状況などをよく観察して，事前に対策を検討し，すぐに**

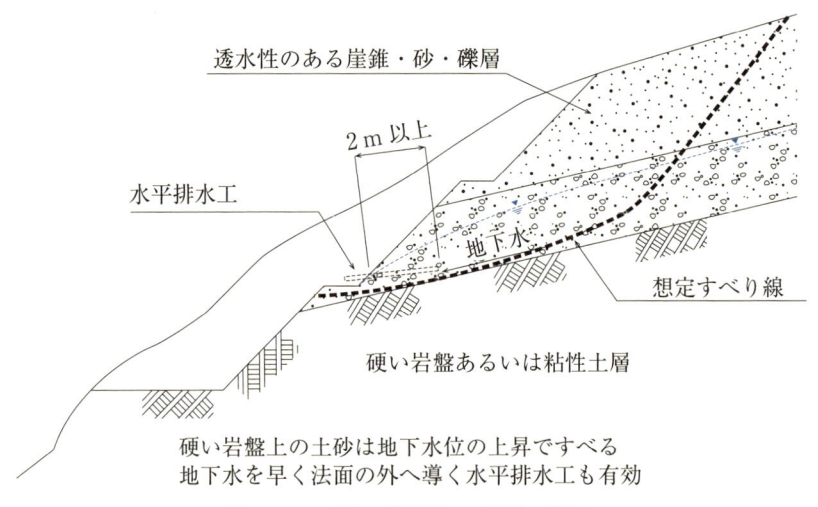

図II-12 硬い岩盤上の土砂の断面

（図中ラベル）
- 透水性のある崖錐・砂・礫層
- 2m以上
- 水平排水工
- 地下水
- 想定すべり線
- 硬い岩盤あるいは粘性土層

硬い岩盤上の土砂は地下水位の上昇ですべる
地下水を早く法面の外へ導く水平排水工も有効

対応できるようにしておきましょう（図II-12）。

（7）切土法面も排水をしっかりと

　切土工事が進み小段まで切土が進んだら，小段の排水工の施工を行いましょう。これを工事用道路がない，資材が運べないなどの理由で後回しにすると，大変なことになります。

　まず第1に，排水工を小段に運ぶのに，クレーンなど揚重機が必要となります。さらに，掘削した土砂もクレーンを使用して処分しなければなりません。また，スコップで歯がたたない地層では，小段での施工が可能な掘削機械をクレーンで吊り上げる羽目になります。簡単な排水工の施工費が，何倍にもなってしまいます。したがって工事用道路がなくても，不整地運搬車などで運搬して施工を完了しておきましょう。

　第2に，小段排水工が完成していない状態で植生工をしても，小段からの流下水でガリ浸食が発生し種子が流されてしまいます。種子が流された法面は植生が斑模様となり，手を抜いたような印象になってしまいます。

また，小段排水工の掘削土砂をクレーンで降ろさずに法面から落としたりすると，植生した種子が雨のたびに法面の土砂とともに流れてしまい，草が生えないことになります。植生工は法面の保護を兼ねることから，できる限り切土直後にしておきたいので，小段排水工や縦排水工の整備はそういう観点からも適宜行うようにしましょう。

次に考えなければならないのは，法面からの湧水です。切土後，時間の経過とともに湧水量が減少するものですが，地層の境目で湧水が途切れないこともあるので，法面に魚の骨状に湧水を集める「じゃかご」を設置することが一般的です。湧水量が少ない箇所には，人工の暗渠排水材を使用することもあります。湧水処理を確実に行わないと植生しても種子が流されてしまうので，法面の保護となる植生工ができないことになります。**植生工によって法面は安定していきますので，草の生えていない法面は表層崩壊の危険があることになります。**必ず法面は緑化されていなければなりませんので，若年技術者の方は心がけておいてください。

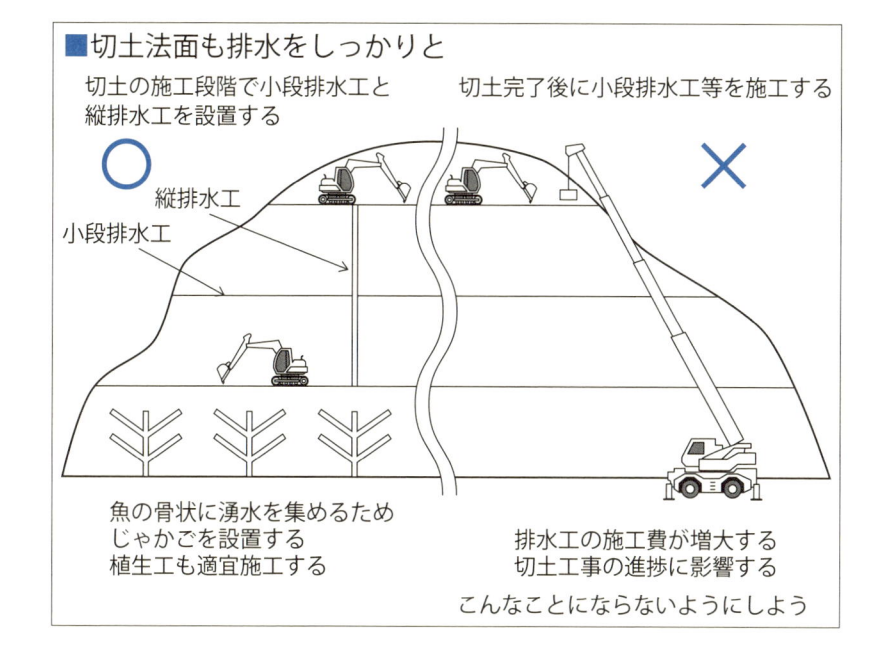

■切土法面も排水をしっかりと

切土の施工段階で小段排水工と縦排水工を設置する　〇

縦排水工
小段排水工

魚の骨状に湧水を集めるためじゃかごを設置する
植生工も適宜施工する

切土完了後に小段排水工等を施工する　×

排水工の施工費が増大する
切土工事の進捗に影響する

こんなことにならないようにしよう

（8）地すべり地形は等高線（コンターライン）で把握する

　過去に地すべりが発生した場所は，等高線に乱れが現れます。注意をして1/2,500の地図の等高線を見ると，意外に地すべり地形を発見することができます。**一般的な等高線は標高の低い方に向かって均等な間隔になりますが，地すべり地形は等高線が標高の高い方に凸になる特徴があります。**

　したがって，施工場所の地図を買い求め，「地すべり地形はないか」という気持ちで探してみましょう（**図Ⅱ-13**）。

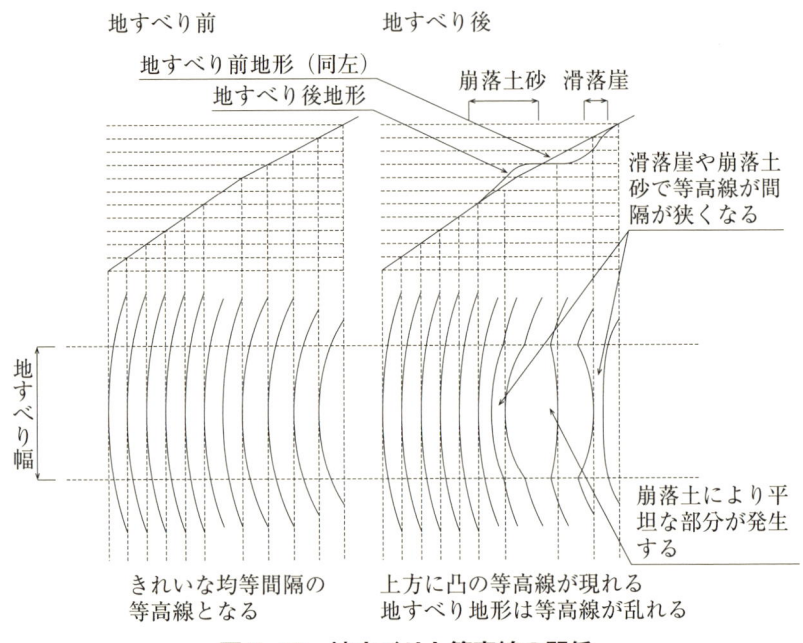

図Ⅱ-13　地すべりと等高線の関係

（9）切土法面の安定を考える

　切土法面におけるすべりは，大きく分けて2つのパターンとなります。直線的に表層近くがすべるパターンと，大きな円弧状にすべるパターンです。直線的に表層近くがすべる場合にはロックボルト，大きな円弧状にす

コ・ラ・ム

　以前，東北地方のあるダム現場の付替え道路工事の担当であったときに，地すべりの幅は20ｍ程度でしたが，本線に直角に地すべり地形がありました。工事区間の終点に位置し，始点から順次工事を進める条件であったので，施工が最後になってしまうという工程でした。そこで切土すると地すべりが起きる危険性があるため，気温が下がり凍てついた状態になるまで待つことにしました。掘削高さ2～3ｍの切土工事でしたが，10日間待ってやっと切土するときが来たと思いました。それは，竣工日まであと20日あまりの12月の初旬で，最低気温が－7～－10℃の気温になり，法面に流れる水も湧水も完全に凍てついた状況となったからです。切土工事の施工日数は2日間で完了する予定でしたので，この時を待っていたのです。

　というのも，切土すると地すべりが起こると考えていたためです。事前に発注者に危険であると協議はしていましたが，「切土をしていないのに地すべりが起こるかどうか分からない」ということでなかなか埒が明かない状態でした。地すべりが起こってから協議をしていたのでは，竣工日に間に合わないので悶々としていましたが，この寒さなら，来年の春まですべらないと判断したのです。

　切土を開始して観察していると切土法面からの湧水は見られず，土はカチカチに硬くなっていました。切土工事は2日間で完了し，竣工を待つばかりと余裕が出たその時，最低気温が3℃と急に上がり，凍っていた地山に水が流れ出してきました。また，切土した法面からも湧水が出てきてしまいました。その翌日，法肩から5ｍぐらい上に本線に平行に走るクラックを発見しました。この小さいクラックは，すべりが起こる前兆で，そのままにしておくと30ｍ上まで徐々にすべってしまいます。

　そこで20ｍ区間を4分割し，クラックまでの土砂を撤去して河川土である玉砂利を法面に押さえ盛土しました。夜中までかかり，区間ごとに押さえ盛土をしたお陰で，法面のすべりは起きませんでした。竣工日まで日が余りないので，関係者とも協議はできませんでした。竣工日5日前に，

> クラックの入ったところから下を玉砂利と置き換える「ふとんかご」ならぬ玉砂利による押さえ盛土としたのです。3 mの積雪が解けた翌年の春，この法面を確認しましたが，玉砂利法面の下方から湧水が滔々と流れ出ていましたが，切土法面はみごとに安定していました。法尻に重さのある玉砂利とその排水効果で，法面崩壊を防げることを肌身を持って実感した1件です。

べる場合は，グランドアンカーですべりを抑止します。切土法面が崩壊するようなときには，ある条件が重なっています（**図Ⅱ-14**）。

その1つの例として，「山岳道路」などで「地形が急峻」で「小段が3段以上」の切土法面の場合には，法面全体が大規模にすべるような危険に遭遇する場合があります。また，「土質が崖錐，崩落土砂，強風化土など」で，かつ「流れ盤」，「湧水」があり，「基盤に硬い層や粘土層がある」ときは，切土後の安定解析を実施し，法面の安定を確認してから掘削を開始する必要があります。

設計どおりに切土しているのだから大丈夫だろうと考えていると，発注

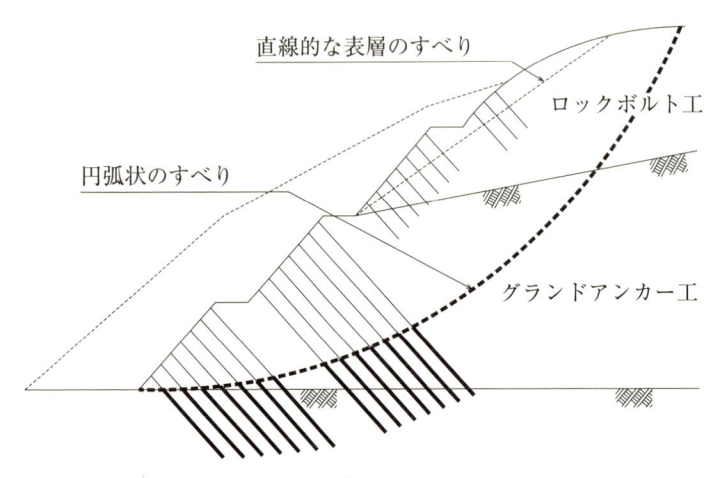

図Ⅱ-14　切土法面の安定工法

者の信頼を失い，工事費が増大し，工期は大幅に延び，崩壊対策に追われ，寝る暇もない状態になります。そうなる前に，土質調査報告書から柱状図を参考にして検討する必要があります。事前に法面安定対策の協議を行い，安全に切土工事を進めることが可能となります。**切土法面は崩壊する可能性が常にあると考えていれば，切土工事のプロとしての技術スキルは高いと言えるでしょう。**

　切土工事の施工に関して，切土する前に切土後の法面がどうなるかを予測することです。予測することで，切土していく法面への関心が増し，毎日現場へ行くのが楽しみになります。また，天候を把握して，土工事の段取りを的確に行うことで，面白いほどに土工事が好きになってきます。土工事を好きになることで，現場を見たときに得られる情報量が多くなり，技術スキルが格段にアップしていくことになります。「1 盛土編」でも述べたように，土工事の基本は常に「現場を見て歩くこと」で，雨水を上手に処理すれば決して難しいことはありません。またその土地の天気の達人になり，現場を楽しんでください。

　もう1つ付け加えると，切土してほぐした土は水を好むので，その日のうちに転圧して，水が入り込まないようにしておくことが，本当のプロと

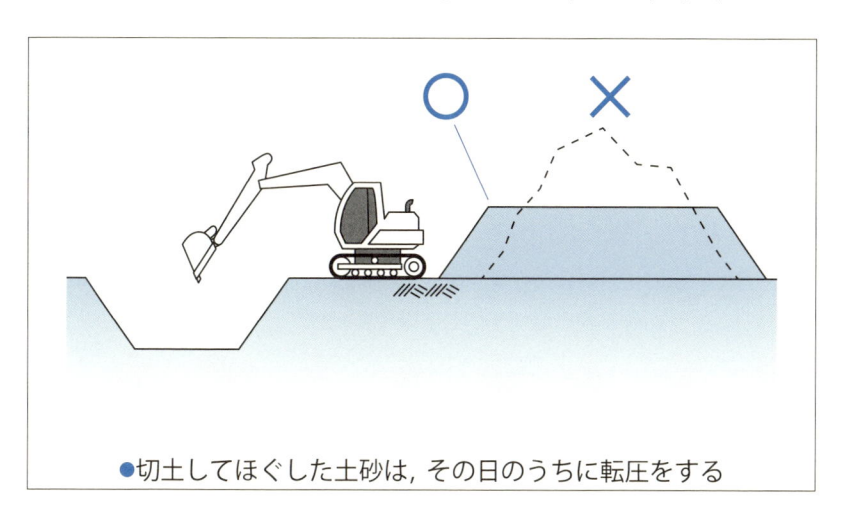

● 切土してほぐした土砂は，その日のうちに転圧をする

呼ばれる仕事となります。たとえ明日が晴れの天気予報でも，ピンポイントで雨が降るかもしれませんので，これだけは忘れないようにしてください。

切土してほぐした土の転圧は，「明日やろう」ではお金がかかることになります。水を含んだ土は，生石灰を混合して含水比を下げる等の処理が必要となりますし，最悪にもヘドロ化した場合は産業廃棄物となってしまいます。その日の作業が終了するまでに，転圧を行うようにしてください。

現場管理としては，ちょっとした心遣いを忘れずに「転圧して作業を終了しましょう」と指示をするだけで，目に見えないお金を節約できますので，**日々の現場巡視は，重要なポイントであると心に刻んでください。**

3 軟弱地盤編

氷河期のうち，今から2万～1万2000年前までの海水面は，現在よりも最大130 mほど低いことが分かっています。しかし縄文時代前期の6000年前の海水面は，逆に2～3 m高くなっていました。これは縄文海進と言われ，現在の海岸線から遠く離れている場所で貝塚が発見されていることで分かります。

現在平野と言われている場所は，流れが緩やかになった河口となっていますので，微細な粒子の粘土やシルトがゆっくりと堆積しています。しかし，水の中では間隙が大きくフワッとした状態のまま堆積していくので，地耐力がなく，柔らかい地盤となってしまいます。6000年かけて海面が後退した結果，そんな河口だったところが，平野に姿を変え我々が生活している地盤となっているのです。このような地盤が，問題の多い軟弱地盤と言われているのです。

さてたとえ話ですが，白菜漬けの作り方は，白菜を半日ぐらい天日干ししてから，樽の中に塩をまぶし，何層にも積み重ねた後に重石で押さえます。すると白菜から水が出てきて，水が出た分だけ白菜の体積が小さくな

ります。白菜は1週間ほどでおいしい「御新香」となります。軟弱地盤の場合は，上から重石を載せる（荷重をかけること）と，やはり土の中の水が出て，おいしくなるのではなく，地盤が強くなります。まさに，軟弱地盤は水が抜けると強度が増すのです。砂地盤では水が抜けると，密度が高くなるので，同様に強度が増します。砂地盤において地下水位を下げれば，圧縮されて沈下するので効果は高いのですが，周辺地盤まで影響が出るようになるので注意が必要です。

（1）ゆっくり盛土したら大丈夫

　一般に粘性土地盤では，水が抜けて地盤の強度が増すことを圧密と言います。粘性土層の圧密には，時間がかかります。圧密する時間は，粘性土層の厚さの二乗に比例するので，粘性土層が厚い場合は多くの時間がかかります。

　軟弱地盤に盛土するには，時間をかけて盛土する緩速載荷工法があります。工期に余裕がある工事では，経済的に安価で施工ができるため，一般的な施工方法として採用されています。一般的に盛土厚さは1層30 cmですから，1日に5 cm盛土を施工する場合は，30 cm÷5 cm/日＝6日の施工を要します。このため1層の30 cmを盛土すると，6日間は何もしないで放置することになります。

　したがって，1日に施工する盛土エリアが少なくとも6箇所以上ないと作業が止まってしまうことになります。盛土を休止している期間も盛土の沈下観測をする必要があります。急激に沈下量が増加した場合などは，地盤が荷重に耐えきれなくなったと考え，そのまま作業を続けると盛土が崩壊する危険があるので，盛土作業を休止する必要があります。盛土するということは，地盤に重石を載せること（荷重をかけること）なので，崩壊の危険がないように粘性土層をゆっくりと時間をかけて圧密させていかなければなりません（**図Ⅱ-15**）。

図Ⅱ-15　緩速載荷工法

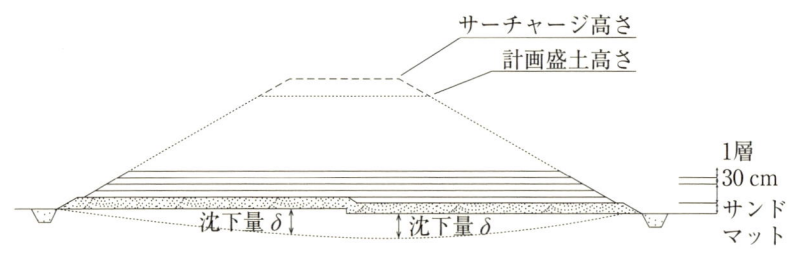

1日5cmの盛土速度とは，1層30cmを盛土したら，6日間放置する

『道路土工－軟弱地盤対策工指針（平成24年版）』（公益社団法人 日本道路協会）

　したがって盛土の沈下観測は，施工を安全に進めるための重要なポイントとなります。**盛土高さに限界はありますが，このように沈下観測をしてゆっくりと盛土すれば，軟弱地盤上に確実に盛土することができるのです。**

（2）将来の盛土重量以上の荷重で圧密沈下を完了させれば大丈夫

　軟弱地盤に盛土するためには，まず計画された盛土高さによる「盛土の安定」（全応力による円弧すべり解析）を行います。その安全率が確保されれば，次に「圧密沈下の検討」を行います。「盛土の安定」には，補助工法が必要な場合が多く，圧密の促進対策工法のバーチカルドレーン工法を併用する場合や，近接施工で周辺環境への影響を小さくする固結工法の深層混合処理工法を併用する場合があります。

　補助工法は，周辺環境に配慮した効果的で経済性を追求した工法が選定されます。補助工法の後に盛土する手順となりますが，将来の盛土高さより少し高く盛土して圧密させる載荷重工法があります。一般の盛土部ではサーチャージ工法と呼び，構造物部ではプレローディング工法と区別されています（**図Ⅱ-16，Ⅱ-17**）。

　軟弱地盤上の盛土の施工管理は，沈下量によって盛土天端幅員が不足し，幅員を確保するために法面に薄層の勾配修正盛土を行うことになります。

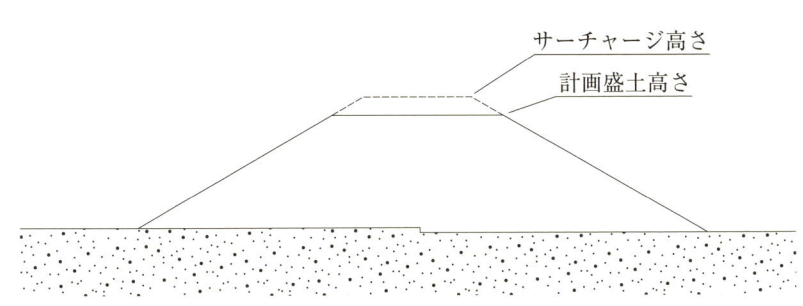

計画盛土高さよりも2m程度高く盛土する

沈下量を推定してサーチャージ完了幅員を拡幅しておけば，圧密沈下完了時に法面の勾配修正盛土や盛土天端幅員不足の心配はない

(「図Ⅱ-18 盛土の沈下を考慮した盛土の方法」を参照)

図Ⅱ-16 サーチャージ工法

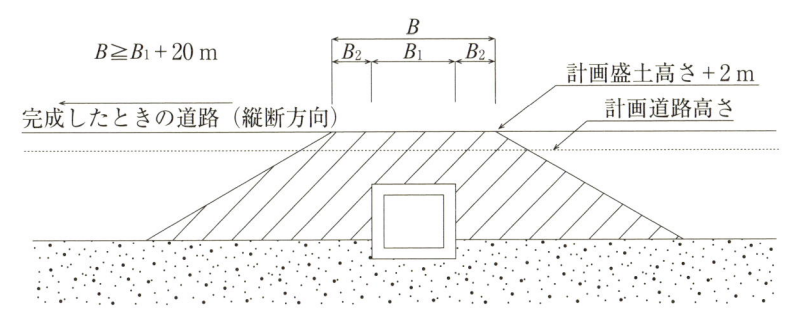

道路を横断する構造物の箇所を先行して圧密させて構造物完成後の沈下を防止する
圧密完了後には，プレローディングした盛土は撤去する

図Ⅱ-17 プレローディング工法

　盛土の法面を薄層で仕上げると表層崩壊の原因となるので，そうならないように，推定沈下量から事前に幅員は広く管理し，沈下しても計画法面勾配を確保できるように注意しましょう。盛土の安定は，沈下の状況を把握するために行う動態観測が重要となります。動態観測は地表面型沈下計，深層型沈下計，地表面変位杭などにより定期的に行います。その結果を沈下曲線に記し，盛土の安定，盛土工程の進捗，残留沈下量の推定，除荷時期などを判定します（**図Ⅱ-18**）。

沈下を考慮した盛土

○

計画幅員≦圧密完了時幅員

計画通りの盛土

×

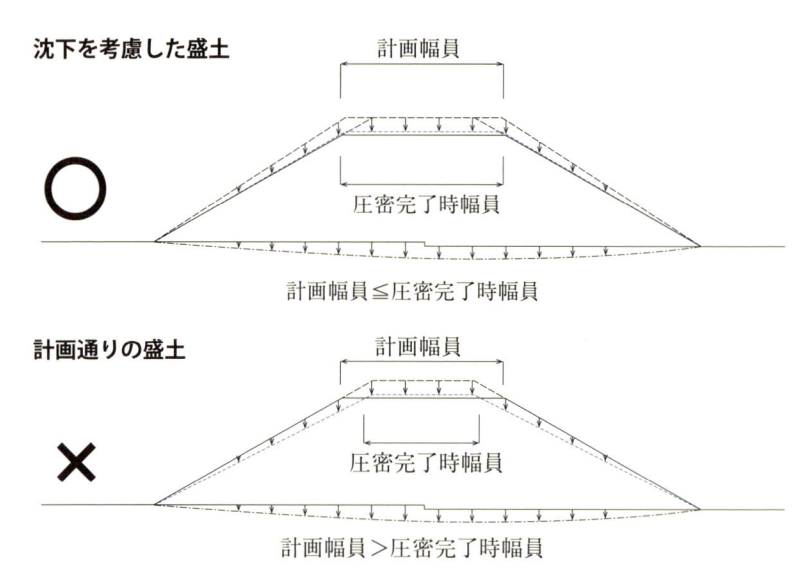

計画幅員＞圧密完了時幅員

標準断面通りに盛土をすると沈下後，道路幅員が不足する

図Ⅱ-18　盛土の沈下を考慮した盛土の方法

（3）新旧盛土の縁を切る

　先行して施工された盛土は圧密沈下も終了して安定していますが，道路の拡幅や交差道路の接続などで新たに腹付け盛土をする場合，腹付け盛土を開始する前に先行盛土の沈下防止対策工を行わなければ，その影響を受けることになってしまいます。

　対策工法には，先行盛土の法面に鋼矢板を打設して，腹付け盛土の影響を受けないようにする矢板工法が，確実な工法と考えられます。軟弱層が比較的薄い層厚の場合は，鋼矢板によって確実に縁が切れ，腹付け盛土の影響を排除することが可能です。施工条件として，矢板長が10〜15m程度であれば，経済性も良好と言えます。軟弱層が厚い場合には，中間層にN値＝30程度の砂層や砂礫層が存在すれば,その下層に軟弱層があったとしても沈下の影響を少なくすることができると考えられます（**図Ⅱ-19**）。

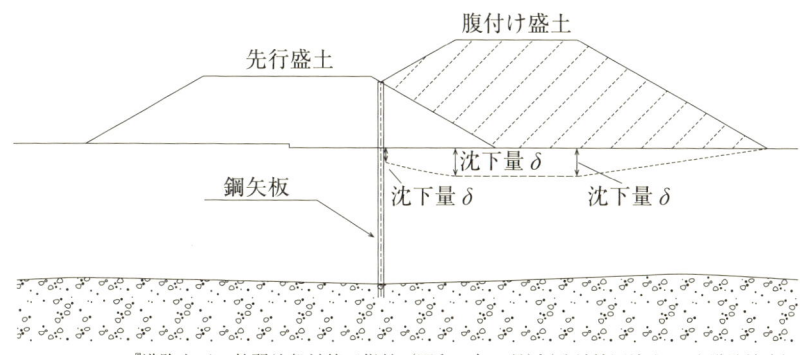

『道路土工－軟弱地盤対策工指針（昭和61年11月）』（公益社団法人 日本道路協会）
図Ⅱ-19　腹付け盛土

（4）不等沈下がないように

　軟弱地盤の厚さが違う場合は，基盤となる地盤が傾斜しています。傾斜基盤上の軟弱地盤に盛土をすると，盛土の沈下量は軟弱層の厚い部分は大きく，薄い部分は小さくなります。すると不等沈下によって盛土が，薄い方から厚い方へすべり破壊を起こす危険があります（**図Ⅱ-20**）。

　また切土部が安定し，盛土部が軟弱地盤である片切り片盛りの盛土についても同様に基盤が傾斜しています。軟弱地盤上の盛土に不等沈下が発生

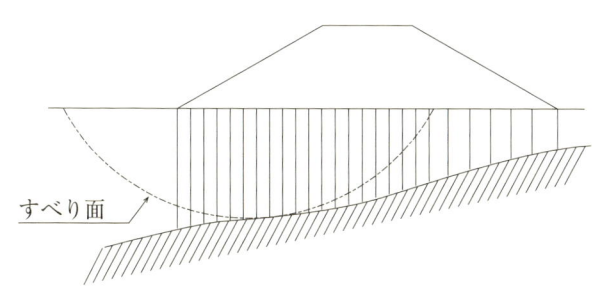

沈下を少なくする工法を選定する
軟弱層の厚い側は密に，浅い側は疎に
サンドコンパクションパイル・深層混合処理工法など

『道路土工－軟弱地盤対策工指針（平成24年度版）』（公益社団法人 日本道路協会）
図Ⅱ-20　傾斜基盤上の盛土

し，地山との境から軟弱地盤方向にすべり破壊を起こす危険があります（図Ⅱ-21）。

　上記のいずれにおいても基盤が傾斜しているので，不等沈下を防止する対策が必要となり，沈下量が同程度になるようにするために，固結工法やバーチカルドレーン工法を補助工法とすることになります。

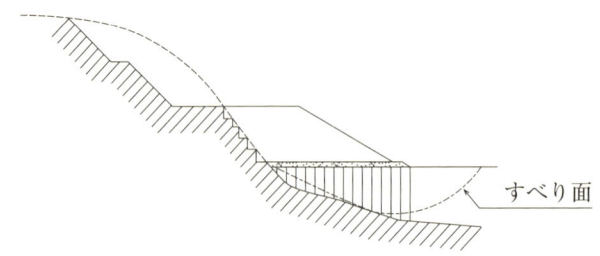

軟弱層が厚い場合は，沈下を少なくする工法，サンドコンパクションパイル・固結工法など
軟弱層が薄い場合は，経済性を考慮する工法，バーチカルドレーン法などを検討
軟弱層が掘削可能な層厚の場合は，置換工法

『道路土工－軟弱地盤対策工指針（平成24年度版）』（公益社団法人 日本道路協会）

図Ⅱ-21　片切り片盛り部の盛土

（5）RC構造物に接する盛土

　軟弱地盤にかかる橋梁においては，橋台背面の盛土が偏荷重となり問題となります。盛土の荷重によって，軟弱層が橋台の基礎杭の間をすり抜けて橋台前面に移動しまう側方流動現象や，基礎杭周囲の軟弱層が沈下して，杭本体に押し込み力が作用するネガティブフリクションという負の摩擦力が発生します。そうなると橋台は前面に移動したり，沈下したりして支障をきたすようになります（図Ⅱ-22）。

　このとき，橋台の背面盛土の荷重の軽減対策としては，軽量盛土工法が一般的です。具体例として，発泡スチロールを用いた超軽量盛土のEPS工法と，セメント・水および気泡を混合した気泡混合軽量土を用いたFCB工法があります（図Ⅱ-23）。

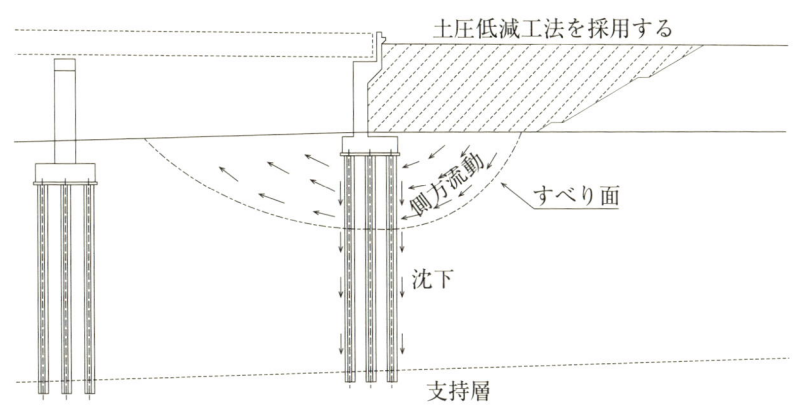

Ⅱ おろそかにしない基礎スキル（盛土・切土・軟弱地盤）

ネガティブフリクションによる杭の破壊や構造物の沈下が発生する

図Ⅱ-22　RC構造物に接する盛土

　また，橋台前面に押え盛土をする工法もありますが，側方流動や円弧すべりは押えられますが，押え盛土の沈下によって橋台に影響を与えることになるので，荷重を増やすことには注意が必要です。構造物で土圧低減を

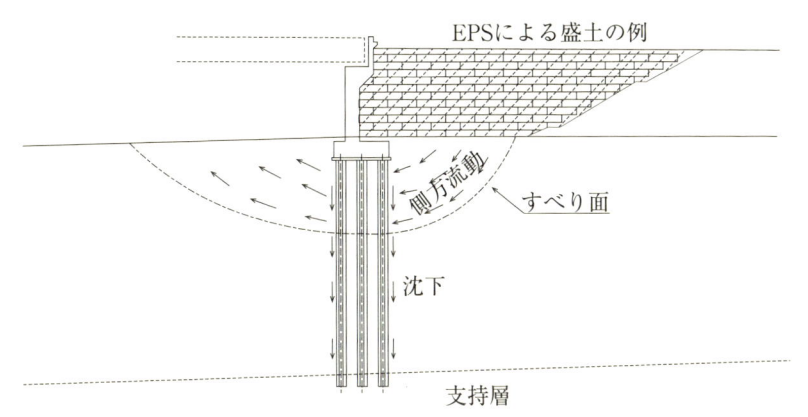

EPSによる盛土，FCBによる盛土などによって土圧を低減する
橋台背面にカルバート工を配置して土圧低減する方法もある

図Ⅱ-23　軽量盛土工による土圧低減工法

する工法としては，連続カルバートボックスを並べることもあります。

（6）盛土を横断するカルバート

　軟弱地盤上のカルバートは，ある程度の沈下を許容する直接基礎とすることが一般的です。その施工手順は，カルバート箇所に載荷重工法（プレローディング工法）によって，目標残留沈下量以下になるように地盤を圧密させます。次に載荷重盛土（プレロード）を取り除き，カルバートを構築します。ここで，残留沈下量の分だけ上げ越しをしておきます。こうすれば沈下が終了したときに，カルバートが計画した高さに落ち着いてくれるはずです。

　設計段階の残留沈下量と施工段階の残留沈下量に違いが発生するので，施工中は動態観測による実測値を時間沈下曲線に落とし込みます。そして，動態観測データから，沈下の推定方法である双曲線法によって，将来の沈下予測を行います。時間沈下曲線には一定の規則性があることから，残留沈下量を推定しています。双曲線法は施工途中の短期間の推定に，$\log t$ 法は供用後の長期沈下を推定するときに用いられています。

　軟弱地盤では載荷重盛土を取り除くと，リバウンド現象が顕著に起こります。リバウンド現象とは荷重を取り除くことになるので，圧密されていた地盤が膨れ上がることを言います。リバウンド量を把握するためには，載荷重盛土の取り除き完了まで，地表面型沈下計を破損せずに動態観測を行う必要があります。地表面型沈下計を破損させてしまい，リバウンド量が分からないと，カルバートの上げ越し量を決めることができなくなります。軟弱地盤上の盛土高さは，交差する道路の建築限界をクリアする程度の高さとなることが多いので，上げ越し量を少なく設定してしまうとカルバート施工完了時には余裕があった建築限界が，竣工検査前に仕上げ舗装をしようと測量を行うと余裕がなくなっていることがあるので，リバウンド量をあらかじめ把握しておく必要があります（**図Ⅱ-24**）。

『道路土工－軟弱地盤対策工指針（平成24年度版）』においては，カルバートの土被り厚さによる沈下比γグラフより，カルバート端部の沈下量を計算しているので，参考にしてください。

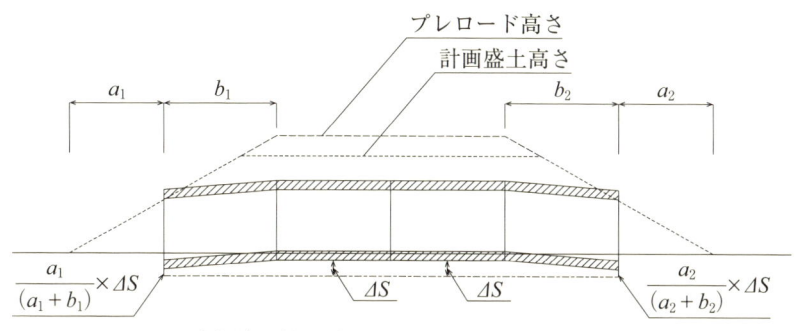

$\dfrac{a_1}{(a_1+b_1)} \times \Delta S$　　　　ΔS　　ΔS　　　　$\dfrac{a_2}{(a_2+b_2)} \times \Delta S$

残留沈下量ΔS分カルバートを上げ越す
カルバート両端部の上げ越し量に注意する

図Ⅱ-24　盛土を横断するカルバートの上げ越し量の例

（7）周辺地盤への影響防止対策は

　盛土による沈下や盛土の崩壊に至る円弧すべりが発生すると，盛土に近接した重要構造物や民家などが存在する場合には，影響を与えてしまうことになります。周辺地盤に影響が及ばないようにするためには，盛土範囲の中で地盤を改良する固結工法が適しています。

　例えば，比較的振動・騒音の発生が少ない工法といわれる深層混合処理工法などが採用されます。盛土の法面から法尻箇所に行う地盤改良は，近接家屋に対して本体盛土の沈下を遮断することができます。

　また，円弧すべり線が地盤改良体を通過することができなくなるので，盛土が安定します（**図Ⅱ-25**）。

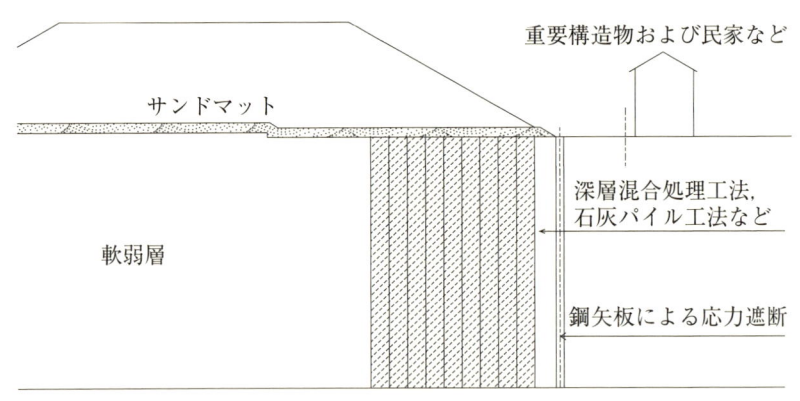

『道路土工－軟弱地盤対策工指針（平成24年度版）』（公益社団法人 日本道路協会）
図Ⅱ-25　周辺地盤への影響防止対策

（8）地震対策

　東日本大震災で千葉県浦安地区の高級住宅地で液状化現象による大きな被害が発生しました。特に被害が大きい住宅をプロットしてみると，東京湾を埋め立てたとき，江戸川の旧河道であったことが分かってきました。海を埋め立てると言っても，水中に土砂を流し込んで地盤としたので，水の中では土を締固めることができないために，フワッとした状態で堆積した地盤であったと想像できます。軟弱地盤の中でもゆるい砂地盤は，地震でゆすられると液状化現象によって水とともに砂が崩れ，家屋の沈下や傾斜する被害を受けます。

　ゆるい砂地盤上の盛土の安定化対策としては，地盤を締固めるサンドコンパクション工法，バイブロフローテーション工法などが採用されます。また，地震動による間隙水圧の上昇を，早く消散させることができるような方法も効果がありますが，盛土全体に間隙水圧を消散させる設備を設ける工法は具体的にはありません。さらに，地下水を低下させることでも有効応力を増すことができますが，周辺環境も同時に地盤沈下させてしまうなどの影響を考慮すると，具体的な対策となりません。盛土高さを高くし

て有効応力を増加させることも考えられますが、法面部分は増加させることができません。

　液状化する層をターゲットにして、完成した盛土の両側の法尻に鋼矢板を打設して上部をタイロットで結びます。たとえ、盛土下の地盤が液状化しても側方へ押し出されないので、沈下量を少なくして盛土を守る対策が行われています。ライフラインを車道の下にまとめたRC構造物である共同溝の両側にも、液状化対策として鋼矢板を打設する事例もあります。

　地盤を対象とした液状化対策としては、格子状に深層混合処理工法で改良する工法が成果を上げています。盛土の施工時点では、経済性から考えると液状化層を狙って、締固めができる工法が現実的であると考えられます（**図Ⅱ-26**）。

　粘性土地盤では、盛土による圧密効果で地盤の強度が増加しており、地震による強度低下は少ないので、圧密を促進させる工法が採用されます。

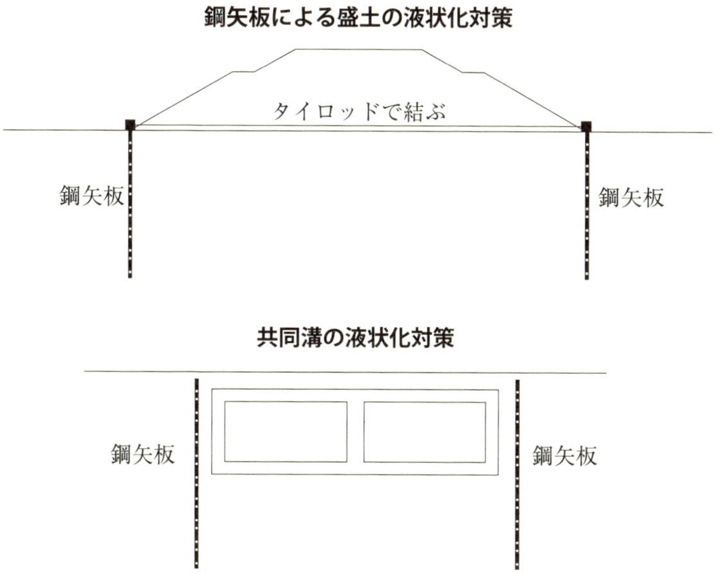

鋼矢板による盛土の液状化対策

タイロッドで結ぶ

鋼矢板　　　　　　　　　　　　　鋼矢板

共同溝の液状化対策

鋼矢板　　　　　　　　　　　　　鋼矢板

『道路土工－軟弱地盤対策工指針（平成24年度版）』（公益社団法人 日本道路協会）

図Ⅱ-26　液状化対策

地震時の盛土の安定は、強度増加を加味した地盤定数を使用して安定解析を行うことになります。

　地震で崩壊しない盛土を造成するために、軟弱地盤の対策工を理解するとともに、土質調査の内容とその定数の使い方も理解して、軟弱地盤対策に対応できる技術者になることが必要と考えています。

（9）軟弱地盤の対策工を組み合わせて経済性を追求

　基本的には、盛土の重さに耐える地盤であるかどうかが問題になります。盛土の完成時が一番危険な状態となるので、盛土が崩壊しないように安定を確保しなければなりません。**しかし、盛土の重さに耐えられるようにするための軟弱地盤対策工の種類はたくさんありますが、経済性を追求することが重要**となります。経済性に配慮した対策工を選定する場合の検討項目として、以下の条件を確認する必要があります。

① 盛土完成時期が決まっているか
② 盛土に近接した家屋や重要構造物（既設道路も含む）があるか
③ 軟弱層下の基盤は傾いていないか
④ 盛土の安定を確保するための地盤強度はどのくらい必要か

以上の条件に対して対応する工法は以下のとおりです。

① では時間に余裕があれば、サンドマット工法を併用した緩速載荷工法が経済的となる
② では、盛土の沈下を近接構造物へ影響しないように、深層混合処理工法などの固結工法で盛土区間と縁を切る
③ では沈下量の違いが出るので、不等沈下対策としてカードボードドレーン工法等を採用し、沈下量が均等になるような配置計画とする
④ では盛土完成直後の安定が一番危険なので、地盤の強度がどの程度必要なのかを安定解析から求めて、その強度に見合う載荷重工法を検討する

また上記の条件以外でも，軟弱地盤の層が薄い場合は，良質材と置き換えた方が安全で経済的となります。基本は緩速載荷工法ですが，工期が迫っていたり，近接施工となっていたり，基盤が傾いていたりする条件では，最適な対策工法を組み合わせて，盛土の安定を確保してください。対策工法の分類と種類は，軟弱地盤対策工法を一覧表にまとめましたので参照してください。軟弱地盤における対策は，図を見て，イメージとして記憶し，対策工一覧表で確認しておくと忘れないと思います。また，土工事の安定問題に関する土質調査内容と解析の方法も，一覧表にまとめておきましたので参考にしてください（**表Ⅱ-1，Ⅱ-2**）。軟弱地盤上に盛土することに関しては，対策工を理解して周辺環境に影響の少ない補助工法を選定できるようになることが肝要です。

　話はそれますが，軟弱地盤対策を理解すれば，技術士の専門科目の論文の内の一つは記述できる場合が多いと考えられます。資格試験は合格するために受験するので，試験の傾向を予測して，確実な試験対策をすることが近道となります。技術士第二次試験とは「どんな試験なのか」その内容を理解していれば，いろいろな技術に出会ったときに興味が湧き，資料を整理してまとめておこうと考えるようになります。最初は，「35歳で技術士資格を取得する」という「夢」かもしれませんが，本気になって行動を開始したら，「夢」は「目標」に変わります。若年技術者の方々の心の中で，具体的な「目標」となったとき，必ず達成できるようになるのです。「夢を目標に変え，目標を成し遂げたとき，夢が叶う」というプロセスが近道と考えてください。

表II-1 軟弱地盤対策工法一覧表

工法分類	種類	工法の概要
表層処理工	表層排水工法	幅0.5 m, 深さ1.0 m程度のトレンチに良質な砂・砂礫で埋め戻し地下排水溝とする
	サンドマット工法	トラフィカビリティの確保と排水層として，軟弱地盤上に0.5〜1.2 mの敷砂をする
	敷設材工法	トラフィカビリティと初期盛土の安定を確保するが恒久対策ではないが，ジオテキスタイルなどを用いる
	盛土補強工法	盛土下層部に補強材を設置して，盛土と一体化させて安定を図るが，軟弱層厚が小さい場合に単独で用いられる
	表層混合処理工法	表層地盤を生石灰・セメントなどで改良し，トラフィカビリティの確保と支持力の増加を図る
置換工法	全面掘削置換工法	軟弱層の全体を良質材で置き換える
	部分掘削置換工法	軟弱層を部分的に良質材で置き換えて安定と沈下を減少させる
押え盛土工法		盛土の安全率が得られない場合，盛土の側方部を押えて安定を図る
盛土補強工法		盛土内に引張補強材を配置し盛土と一体化させ，地盤の側方流動に伴う盛土底面の広がりを拘束し，盛土の破壊を抑制する
緩速載荷工法		地盤が破壊しない範囲の盛土速度を保って盛土する
載荷重工法（圧密）	盛土荷重載荷工法	計画高さ以上に載荷し放置して，軟弱地盤を圧密させて強度増加を図る
	地下水低下工法	地下水位の低下で有効応力を増加させて軟弱層の圧密促進を図る
	大気圧載荷工法	地表面に気密膜を設けてサンドマット内の空気圧を減じたり，真空にして強制的に排水して，圧密する
バーチカルドレーン工法（圧密・排水）	サンドドレーン工法	粘土質地盤に鉛直な透水性のより排水柱を設け，排水距離を短縮して圧密促進する
	カードボードドレーン工法	粘土質地盤に鉛直な透水性のよりカードボードを配置し，排水距離を短縮して圧密促進する

Ⅱ おろそかにしない基礎スキル（盛土・切土・軟弱地盤）

工法分類	種 類	工法の概要
締固め工法	サンドコンパクションパイル工法	衝撃荷重や振動荷重で砂を地盤中に圧入し，砂杭を形成して，粘土質地盤では支持力の向上と沈下量の減少を図り，砂質地盤では液状化の防止を図る
	バイブロフローテーション工法	棒状の振動機を地中地盤に振動させながら水を噴射し，水締めと振動により締固めで生じた空隙に砂利などを補給して地盤改良する
	ロッドコンパクション工法	ゆるい砂地盤にロッドをバイブロハンマーで地中に貫入させ，振動により締固めを行い，打設孔には砂利や粗砂を補給する
	重錘落下締固め工法	重量 10〜25 tf，底面積 2〜4 m^2 程度の重錘を高さ 10〜30 m から自由落下させ締固める
固結工法	深層混合処理工法	塊状，粉末状あるいはスラリー状の石灰・セメント系の安定材を原位置の軟弱土と強制混合して，安定処理をする
	石灰パイル工法	生石灰を粘土質地盤に柱状に打設し，地盤の含水量を低下させ強度増加と沈下の低減を図る
	薬液注入工法	砂質地盤中に，薬液・セメントミルクなどの注入材を圧入して固結土を造成し，地盤の透水係数を低下させ，強度の増加を図る
	凍結工法	軟弱地盤や地下水の多い地盤を一時的に凍結させて，湧水の阻止や掘削面などを安定させる仮設工法である
構造物による工法	杭工法	杭群の頭部にRCスラブ，RCキャップ，ジオテキスタイルあるいは鉄筋を組み合わせ支持力の増大と沈下を抑制する
	矢板工法	盛土の側方に矢板を打設して，本体盛土のすべり破壊を防止し，地盤の側方変位を減じて安定を図る
	カルバート工法・高架工法	橋台背面の荷重を軽減して橋台に起こる変位を少なくするためにカルバートを連続して並べ，軽量にして地盤の挙動を抑える
土圧低減工法	EPS工法	橋台背面の荷重を軽減して橋台に起こる変位を少なくするために，発泡スチロールを用いた超軽量盛土をすることで土圧の低減を図る
	FCB工法	橋台背面の荷重を軽減して橋台に起こる変位を少なくするために，セメント・水および気泡を混合した気泡混合軽量土をすることで土圧の低減を図る

『道路土工－軟弱地盤対策工指針（平成24年度版）』（公益社団法人 日本道路協会）

表II-2 安定問題に関する土質調査

		安定解析手法	土質の種類	地層厚	N値	地下水	被圧水の有無	土の単位体積重量
切土法面		全・有効応力法 UU・CU試験	粘土質・砂質の区別	ゾーニング	$C \cdot \phi$ の推定	地下水位	有無	γt
盛土法面	盛土直後急速施工	全応力法 UU・CU試験	盛土材料試験				有無	γt
	盛土直後緩速施工	全・有効応力法 CU試験	盛土材料試験				有無	γt
自然地山		全・有効応力法 UU・CU試験	粘土質・砂質の区別	ゾーニング	$C \cdot \phi$ の推定	地下水検層 電気探査 揚水試験	有無	γt
軟弱地盤	圧密なし	全応力法 UU試験	粘土質・砂質の区別	ゾーニング	$C \cdot \phi$ の推定		有無	γt
	圧密促進後	有効圧力 CU試験	粘土質・砂質の区別	ゾーニング	$C \cdot \phi$ の推定		有無	γt

		一軸圧縮強度	三軸圧縮強度	圧密試験	透水試験	間隙水圧	地すべり観測	すべり面調査
切土法面		C ϕ	C UU ϕ UU または C CU ϕ CU				伸縮計 光波測距システム 雨量計	孔内傾斜計
盛土法面	盛土直後急速施工		C UU ϕ UU				光波測距システム	孔内傾斜計
	盛土直後緩速施工		C UU ϕ UU または C $\overline{CU}$ ϕ $\overline{CU}$	盛土内ドレーンの検討の場合必要	盛土自体の圧密効果	間隙水圧計	光波測距システム	孔内傾斜計
自然地山		C ϕ	C UU ϕ UU または C UU ϕ CU		排水能力	間隙水圧計	伸縮計 光波測距システム 雨量計	孔内傾斜計
軟弱地盤	圧密なし	C ϕ E (50) 破壊ひずみ	C UU ϕ UU または C UU ϕ CU	液性限界 塑性限界 圧密降伏応力 圧縮指数	圧密効果を確認	間隙水圧計	伸縮計 変位計	孔内傾斜計
	圧密促進後	C ϕ E (50) 破壊ひずみ	C CU ϕ CU または C $\overline{UU}$ ϕ $\overline{CU}$	液性限界 塑性限界 圧密降伏応力 圧縮指数	圧密促進	間隙水圧計	伸縮計 変位計	孔内傾斜計

参考文献

『道路土工−切土工・斜面安定工指針（平成 21 年度版）』公益社団法人 日本道路協会

『道路土工−軟弱地盤対策工指針（昭和 61 年 11 月）』公益社団法人 日本道路協会

『道路土工−軟弱地盤対策工指針（平成 24 年度版）』公益社団法人 日本道路協会

第Ⅲ章 不安全にしない仮設土留め工の管理スキル

　土留め工は危険がいっぱいです。また，土留め工のトラブルを経験したことがない技術者は，不安がいっぱいだと思います。全ての技術者が土留め工のトラブルを経験するとは限りません。しかし，トラブル事例や土留め工の基礎知識を記憶に定着させておけば，将来自身にふりかかるかもしれない土留め工のトラブルに対して，慌てることもなく解決することができると考えます。

　しかし知識は知識として，もし土留め工のトラブルが発生したら，直ちに経験者に相談して対策工を実施してください。人命や第三者の財産に関わるところにまでトラブルが大きくなってしまっては，取り返しがつきません。土留め工のトラブルは時間との勝負です。

　ですから「まだ大丈夫だ」，「もう少し様子を見てみよう」という考え方で時間をむだにすると，危険のレベルが加速していきますし，手遅れになることもあるのです。手遅れの果ては，大事故になると心を戒めてください。危険が増してからの対策工は，手順が難しくなるばかりではなく，お金が多くかかることになってしまいます。危険を感じたら，直ちに経験者に現場を見てもらいましょう。「危険と感じる」という危機感（知識の定着による判断）が重要なのです。

　後になればよく分かることなのですが，同じ対策工において「1日でも早くやっていれば，ここまでの事故にならなかったのに」と後悔をしても後の祭りです。結果として不安定な土留め工になってしまったとしたら，それは大半のケース，技術者の無知からくるものであると考えてください。

　したがって，ボーリングの結果から土留め条件を勘案して行う土留め仮設設計や，トラブル時の対策工に至る知識を身に付けておく必要があるのです。土留め工を不安定にしないために確実な知識を理解しておいてくだ

さい。この不安定にしない仮設土留め工の管理スキルの内容を活用していただき，知識の底上げをしていただければ幸いです。

1 ボーリング柱状図をよく見よう

　土留め工の検討は，ボーリング柱状図を見ることから始まります。土留めを行う箇所で実施されたボーリング結果が出ることを必ず確認してください。50m先のボーリング結果だったり，数年前に行ったボーリング結果で，地盤高さが違っていたりする場合がよくあります。

　また地形によっては夏期と冬期では，地下水が変動することがあります。さらに山を背負った裾野の軟弱地盤では，被圧水が存在することもあります。土留め工によって締切りを行い，根切をする粘性土地盤の下の砂層に被圧がかかっている場合があるので注意してください（**図Ⅲ-1**）。

　さて，ボーリング柱状図から分かることが多くありますが，注意するポイントも少なくありません。以下に，要点をまとめましたので，参考にしてください。

- ボーリングの坑口標高と土留め工施工地盤標高との整合性を取っているか
    - →土留め工の仮設設計計算が危険となる可能性がある
- 土留め工を施工する場所のジャストポイントのボーリング結果であるか
    - →施工場所と違う柱状図を使用して土留め工の計算をすると山留め崩壊などの事故の原因となる
- 地下水位の存在の有無および地下水位の深さを柱状図から読み取れるか
    - →土留め工の計算では水圧の検討が必要となるので，地下水位の有無や水位の位置が土留め工の安定に影響する

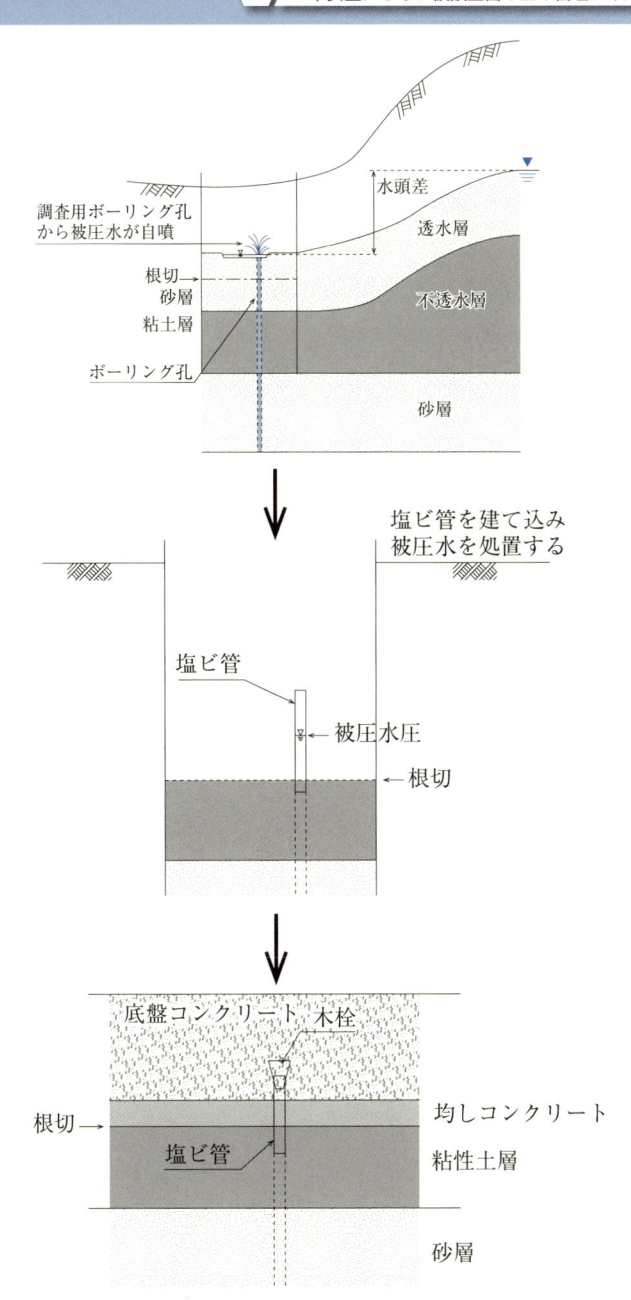

Ⅲ 不安全にしない仮設土留め工の管理スキル

被圧水の原因は調査ボーリング孔だった
図Ⅲ-1　砂層を緩めた箇所のパイピング

95

- ボーリング結果には，柱状図のほかに土質試験結果はあるか
    → 土留め工の仮設設計計算において，土質試験結果があれば，単位体積重量 γ_t，粘着力 c，内部摩擦角 ϕ の定数を採用する。土質試験結果がない場合は，土質定数を推定する
- **土質調査結果報告書があるか**
    → 土質調査結果報告書がなく，ボーリング柱状図がない場合は，ジャストポイントでボーリング調査を実施する

以上，5つの注意事項については，必ず確認しなければならない点です。

2　N値から分かること

　土質調査報告書に，柱状図はあるが，土質試験結果がない場合があります。土留め工の仮設設計計算を行うためには，ボーリング柱状図に示された地盤ごとに，土質定数値が必要となります。土質定数を推定することは難しくありませんが，「推定を行った」という経験がない技術者は，「どのように土質定数を推定すればよいのだろうか」という不安が湧いてきます。

　そして不安の行き着くところは，「土留め工の仮設設計計算は苦手だ」，「土留め工の仮設設計計算は自分には無理だ」という「逃避の宣言」を発することになります。土質定数の推定をするために，自分一人で本を引っ張り出して，どこに書いてあるか分からないところから探し出し，土留め工の仮設設計計算をしようとすれば，膨大な時間と苦労が待っています。

　したがって，誰もが土質定数を推定してみようという気持ちを持たないことになります。しかし技術者として，自分が施工する土留め工に関与しないでよいはずがありません。避けて通れない道であれば，やるしかないと覚悟しなければならないのです。

　しかし実際には，**表Ⅲ-1，Ⅲ-2**の表を参考にすれば，土質定数の推定は簡単に行うことができます。また土質定数を推定できれば，土留め工の

コ・ラ・ム

　実際に現場で土留め工を施工していたときのことです。床付けの2m上まで掘削を行ったところで，掘削範囲の中央部分から水が湧き出してきました。鋼矢板で締切りを行っていますが，鋼矢板を打設するときに補助工法を使ってはいません。基礎杭を施工した場所でもなく，地盤を乱すようなことを行った箇所ではありませんでした。さらに50cm程度掘削を進めたところ，わずかながらの砂も水と一緒に上がってきました。敷地図にボーリング位置が示されている図面により，そこが過去にボーリングをした場所であると特定することができました。

　粘性土地盤の下層にある砂層に被圧地下水があり，地盤を判定するためにボーリング調査を実施した削孔穴から，水が湧いてきたことが分かりました。被圧水の対策は，ボーリング孔よりも一回り大きな径の塩ビ管を立て込み，ボーリング孔へ打ち込みます。塩ビ管は根切より深く到達していれば，掘削への影響はなくなります。つまり，被圧水は圧力がなくなる水位まで塩ビ管を上昇させますが，それ以上は上がりませんので，土砂の掘削はドライな状態をキープすることができます。これで，被圧水の影響はなくなります。

　しかし実際に構造物を作る段になると，塩ビ管はじゃまになります。塩ビ管に栓をするようなイメージですが，木製の先端が細くなった塩ビ管の径より大きな杭（木栓）を用意します。ここからは時間との勝負ですが，均しコンクリートから5～10cm上で塩ビ管を切断します。当然，被圧水は吹き上げてきます。当然ずぶ濡れになることを覚悟して，木栓は確実に打ち込みます。これで塩ビ管に栓をした状態として，被圧水を封じ込めることができます。こうして，構築工事を進めることが可能になります。

　さらに底盤コンクリートを打設してしまえば，木栓が外れることはなくなります。注意のポイントですが，塩ビ管は木栓を打ち込んで割れないように，厚みのあるものを使用してください。木栓の打込みは掛け矢で行うので，水圧で木栓が飛ばされないような工夫をしてから塩ビ管を切断してください。そのような対策を準備してから切断しないと大変なことになってしまいます。

表Ⅲ-1　粘性土の簡易判定・密度・粘着力

N値	道路土工 仮設構造物工指針 コンシステンシー 状態	単位体積重量 (kN/m³)	粘着力 (kN/m²)	小規模建築物基礎設計の手引き コンシステンシー 状態	素掘り 状態
2以下	非常に柔らかい	14	12以下	極軟	鉄筋を容易に押し込むことができる
2～4	柔らかい	14	12～25	軟	シャベルで容易に掘れる
4～8	中位	16	25～50	中位	シャベルに力を入れて掘る
8～15	硬い	18	50～100	硬	シャベルを強く踏み込んでようやく掘れる
15～30	非常に硬い	18	100～200	極硬	つるはしが必要
30以上	固結した	18	200以上	極硬	つるはしが必要

ここで粘性土は，内部摩擦角 $\phi = 0°$ となる。

『道路土工-仮設構造物工指針』（公益社団法人 日本道路協会）
『小規模建築物基礎設計の手引き』（一般社団法人 日本建築学会）

表Ⅲ-2　砂と礫質土の密度と内部摩擦角

N値	コンシステンシー	単位体積重量 道路土工 仮設構造物工指針 砂 (kN/m³)	礫質土 (kN/m³)	内部摩擦角 道路橋示方書 $45 \geq N$値≥ 5 土木系 $\phi = 15 + \sqrt{15N}$	大崎式 建築系 $\phi = 15 + \sqrt{20N}$
0～4	非常にゆるい	17	18	(15～20)	15～23.9
4～10	ゆるい	17	18	22.7～27.2	23.9～29.1
10～30	中位の	18	19	27.2～36.3	29.1～39.5
30～50	密な	19	20	36.3～42.4	39.5～46.6
50以上	非常に密な	19	20	42.4～45.0	46.6以上

ここで砂，砂礫土は，粘着力 $= 0 \text{ kN/m}^2$ となる。

『道路橋示方書・同解説』（公益社団法人 日本道路協会）

ソフトを用いて簡単に土留め工の仮設設計計算ができるようになります。自分でソフトを使用して計算できれば，1ケース10分程度で計算ができますので，トライアルが可能になります。トライアルしてみるといろいろ

なことが分かってきて面白くなります。土留め工の計算ソフトは，簡易法で15万円程度（弾塑性法で30万円前後）です。会社に1つあれば，ネットワーク上での対応が可能となりますので，社員であれば誰でも使用できるようになります。ぜひ，土留め工の仮設計算が得意な技術者になってください。

　ここで単位体積重量は，N値によって**表Ⅲ-1**から推定してください。なお，砂と礫質土の密度と内部摩擦角については，**表Ⅲ-2**を参考にしてください。

　また土質定数を推定するために，地盤別土質定数推定表（**表Ⅲ-3**）にまとめましたので参考にしてください。なお，土質調査報告書に土質試験結果がある場合には，土質推定値よりも土質試験結果を採用してください。

表Ⅲ-3　地盤別土質定数推定表

単位：単位体積重量　kN/m^3
　　　粘着力　kN/m^2
　　　内部摩擦角　°（度）

礫質土地盤		砂地盤	
単位体積重量	$\gamma t = 18 \sim 20$	単位体積重量	$\gamma t = 17 \sim 19$
粘着力	$c = 0$	粘着力	$c = 0$
内部摩擦角	$\phi = 15 + \sqrt{20N}$〔大崎式〕	内部摩擦角	$\phi = 15 + \sqrt{20N}$〔大崎式〕
	$\phi = 15 + \sqrt{15N}$〔道路橋示方書〕		$\phi = 15 + \sqrt{15N}$〔道路橋示方書〕

粘土地盤		粘性土質地盤	
単位体積重量	$\gamma t = 14 \sim 18$	単位体積重量	$\gamma t = 14 \sim 18$
粘着力	$c = \dfrac{40 + 5N}{2}$〔大崎式〕	粘着力	$c = \dfrac{40 + 5N}{2}$〔大崎式〕
	$c = 6.25N$〔地盤調査法〕	内部摩擦角	$\phi = 5$
内部摩擦角	$\phi = 0$		

シルト質地盤	
単位体積重量	$\gamma t = 14 \sim 18$
粘着力	$c = \dfrac{40 + 5N}{2}$〔大崎式〕
内部摩擦角	$\phi = 15 + \sqrt{20N}$〔大崎式〕　　N値＝0〜2のときは，$\phi = 0°$
	$\phi = 15 + \sqrt{15N}$〔道路橋示方書〕　粘性土に近いときは，$\phi = 0°$

コ・ラ・ム

［粘性土地盤の例］

　実際の現場で起きたことですが，Ｎ値が０～２の軟弱な粘性土地盤でした。低盛土の軟弱地盤対策として載荷重工法で圧密沈下対策完了後に，道路を横断する大断面のボックスカルバートの施工を開始しました。掘削深さが８ｍ程度の土留め工でしたが，順調に掘削も進み床付け手前となった頃，梅雨に入り雨が続きました。雨の中の掘削作業は危険なこと，作業性が悪いなどのため掘削が滞っていました。晴れ間を幸いに一気に床付けまで，掘削を進められて良かったと思っていました。明日は基礎砕石投入，明後日は均しコンクリートの打設と工程を確認しました。

　しかし作業員たちは，土留めがわずかだが軋（きし）むような音がしていたと話をしていました。その夜梅雨に入ってから，始めてまとまった降雨となりました。明日の基礎砕石投入は大丈夫かなと考えていた翌朝まだ暗い頃に，大音響とともに土留めが崩壊し，Ｈ形鋼と鋼矢板は針金のように曲がってしまいました。水圧が増加したこと，ヒービングの検討を行っていなかったことが原因でした。人身事故がなかったことだけは不幸中の幸いでした。

［解決策］

　粘性土地盤のヒービングと，水圧増加による土留め工崩壊が起きたならば，土留め内に水ではなく土砂を投入して，全て埋め戻してしまいます。崩壊した鋼矢板の外側に囲むように大きくして，再度設計した鋼矢板を打設して締め切ります。その後，掘削とともに崩壊した鋼矢板と土留め材を撤去しながら，土留め工を再構築します。鋼材はほとんどスクラップとなるので，無理をせず掘削とともに少しずつ切断しながら撤去していきます。

　崩壊してしまったら，腹をくくるしかありません。少しでも損を回収しようなどと考えていると，無理な作業を強いて二次災害を誘発します。トラブルは，自分の考えと反対の方向に進んでいきますので，セオリーどおりに進めるように，自身の心を戒めましょう。

[砂地盤の例]

　これも実際の現場であったことです。市街地でのボーリング柱状図で砂層のＮ値が20～22となっていました。Ｎ値が25を超えていないので、油圧圧入引抜工法で鋼矢板を打設しようとしましたが、計画深さまで圧入することができませんでした。そこで、設計変更に持ち込み、補助工法としてウォータージェットを併用することで、鋼矢板により締切り土留め工を完成させました。多少時間はかかりましたが、設計変更できたことで、「上手くいったかな」と思っていました。

　しかし、当初の土留め工の仮設設計計算にパイピングの検討をしていませんでした。掘削を開始し、根切まであと２ｍというところで、鋼矢板の際から砂とともに水が吹き上げてきましたが、これぐらいは大丈夫と判断してしまいました。次の日、現場を見ると直径10ｃｍ程度の穴が開いており、３ｍの鉄筋を差し入れてみると全く砂がありません。1.5ｍを掘削すれば床付けなので、早く掘削を完了させようと打合せを行いました。

　そして３日目、直径が15ｃｍに広がっていましたが、あと１ｍなので掘削完了後に、一気に生コンクリートを鋼矢板内に全面打設すればよいと考え、掘削を急がせました。そして４日目、ほかの鋼矢板の際からも同じ現象が始まりました。その日の夕方、鋼矢板外側の周辺地盤（２×２ｍの４m^2程度）が50ｃｍ陥没しました。「これでは土留めが危ない、崩壊する」と危険を感じ、やっと掘削を中止しました。

　どうしようかと焦るものの対策が出てきません。とりあえず土留めを崩壊させないためには薬液注入と考え、業者に連絡をとり相談しました。今なら薬液注入で何とかなるというので、すぐ来てもらいました。業者は外側を固めれば大丈夫との判断から薬液注入を始めましたが、いくらやっても効きません。瞬結性注入剤に替えてみましたが、多少の水量は減ったものの効果はありませんでした。

　パイピングの検討をしていたら、鋼矢板の長さは安全であっただけに残念でなりません。

［解決策］
　砂地盤のパイピングによる土留め崩壊のトラブル解決策は以下のとおりです。
　土留め工内に水を張らないで薬液注入をしても，水の流れで薬液が固結してくれません。そこで水を張ってから，ゆっくりと外側と内側に薬液を注入すると水の動きがなくなるので，止水することができます。再度掘削を開始し，掘削が完了したら，基礎砕石の分まで，鋼矢板全面に均しコンクリートを打設します。水の流れがある場合には薬液注入の効果がないと覚えておきましょう。また土留め工内に水を張っても，土留め工の内側と外側に土砂がない場合も，止水することができません。その時，土留め工の外側か内側に土砂の投入が必要になりますので，経験者等の意見を参考にして，状況判断をしてください。

3　10 m を超える土留め工の計算には弾塑性法を用いる

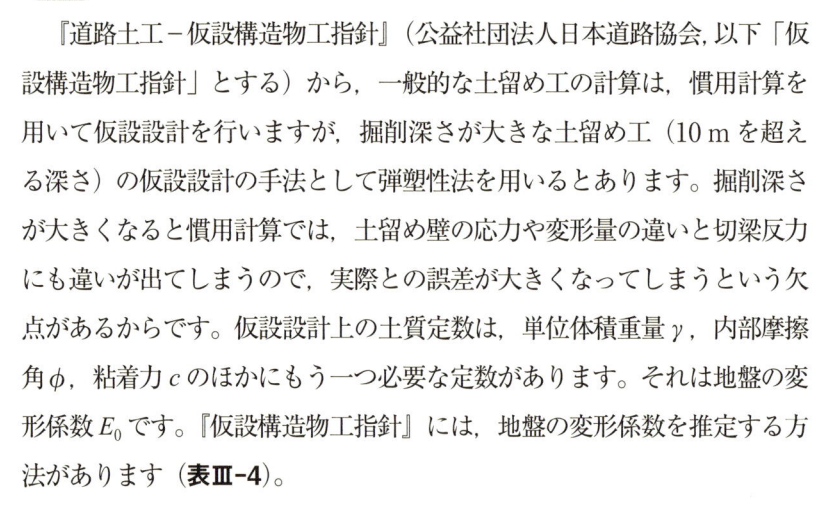

　『道路土工－仮設構造物工指針』（公益社団法人日本道路協会，以下「仮設構造物工指針」とする）から，一般的な土留め工の計算は，慣用計算を用いて仮設設計を行いますが，掘削深さが大きな土留め工（10 m を超える深さ）の仮設設計の手法として弾塑性法を用いるとあります。掘削深さが大きくなると慣用計算では，土留め壁の応力や変形量の違いと切梁反力にも違いが出てしまうので，実際との誤差が大きくなってしまうという欠点があるからです。仮設設計上の土質定数は，単位体積重量 γ，内部摩擦角 ϕ，粘着力 c のほかにもう一つ必要な定数があります。それは地盤の変形係数 E_0 です。『仮設構造物工指針』には，地盤の変形係数を推定する方法があります（**表Ⅲ-4**）。
　土留め工の仮設設計は，解析ソフトを使えば誰にでも簡単に計算ができますが，アウトプットをそのまま信用すると，間違ってしまうことがあり

Ⅲ　不安全にしない仮設土留め工の管理スキル

表Ⅲ-4　地盤の変形係数 E_0 推定方法

地盤の変形係数	孔内水平載荷試験による測定値 一軸圧縮試験または三軸圧縮試験から求めた変形係数 標準貫入試験のN値より $E_0 = 2,800N$（kN/m²）

『道路土工－仮設構造物指針』（公益社団法人日本道路協会）

ます。特に，地盤定数の判定間違いや数値の入力ミスは致命傷となります。簡単にできますが，その分慎重に取り扱ってください。仮設設計の計算間違いは，事故が発生する原因となります。**設計者としてチェック，施工者としてチェック，施工管理者としてチェックの三重のチェックを必ず実行してください。**

4　自立式土留め工は根切深さが3mまでとする

　よく締まった地盤であれば，自立式土留め工を採用して工事を進めたいと考えて問題はありません。しかし軟らかい地盤では，自立式土留め工を行うことにはリスクが伴います。土留め壁の変形量が大きくなり，変形量を小さくしようと土留め壁の剛性を高めても土留め壁の長さが長くなり，経済性に問題が出てきます。

　傾斜地などでは掘削を行う地盤高さに違いがあり，施工条件として片側だけ土留めをする必要がある場合が考えられます。根切深さが3mを超えると，鋼矢板の倒壊の恐れから自立式土留め工は不可能となります。このため，グランドアンカーを採用して切梁の代わりにする方法や斜め切梁を用いたりします。グランドアンカーは用地に余裕があれば問題ありませんが，地境を超えて設置することには地権者の了承や理解が必要になります。斜め切梁は傾斜地の建築工事ではよく使う手法ですが，構築する構造物との取り合いや，斜め切梁を撤去する手順を事前に検討しておかなければなりません。

　自立式土留め工はどのような地盤でも，基本的には根切深さは3mま

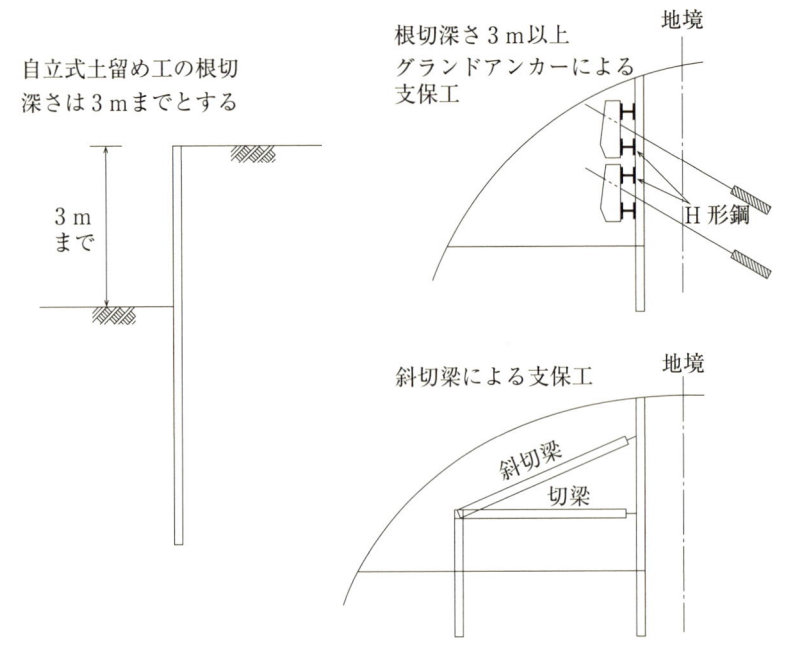

図Ⅲ-2　斜め切梁による支保工

でとしてください。無理をした計画はトラブルを発生させる原因となりますし，想定外のゲリラ豪雨（実は，想定外ではなく予測していないだけ）などによって，異常な水圧による倒壊リスクを背負って，工事を進めることは非常に危険です。工事を安全に進捗させるには，仮設備を省略した作業と，危険になるような土留め工は避けることが重要です。工事の進め方は何通りもありますので，経験者に相談して，安全を確保した計画を立案して工事を遂行してください（**図Ⅲ-2**）。

　掘削深さ25ｍの大規模掘削において，支保工として切梁の代わりにグランドアンカーを用いる土留め工では，自動計測による情報化施工を実施すると思います。仮に，ソイルセメント連結壁工法（SMW）による土留め壁が長期間の降雨によって，地下水位が上昇して変形し始めた場合の対策は，地下水位を下げる水平ボーリングと主動土圧側の土砂を撤去して，

水圧や土圧を少なくする対策しかありません。土留め工のリスク回避は，考えられることを事前に洗い出し，不測の事態（想定外ではなく）に対応できる対策を計画しておく必要があります。このような場合は，素早い対応がリスクを小さくします。

　しかしむだに時間を費やすと，土留め工の崩壊という最悪の事態が待ち受けています。**あらゆる危険を事前に察知することは，リスク回避には重要な作業となります。設置して作業を行っている土留め工のリスクは，地下水位の変化と，被圧水圧の有無という水に関係するポイントを押えておきましょう。**

5　土留め壁の変形量を抑制するには

　土留め壁の変形量の規定は，『仮設構造物工指針』に示されていますが，土留め工を行う全ての箇所で，同じ管理値でよいとは限りません。土留め壁から2mの箇所に，近接した家屋がある場合や重要なインフラ施設がある場合などは，変形量を抑える必要があります。近接した家屋が傾くことがないようにするためには，土留め壁の変形量を抑えて表面沈下を少なくしなければなりません。重要なインフラ設備については，その管理者と変形量について協議する必要があります。

　基本的な土留め壁に関する変形の抑制対策は，以下のとおりとなります。

- 土留め壁の剛性を大きくする
- 切梁の鉛直間隔を短くする
- 切梁にプレロードをかける

　また，地盤の主働土圧，水圧，受働土圧の状態を変える抑制対策もあります。

- 土留め壁の背面側の地盤を掘削して下げる
- 土留め壁の背面側の地下水位を低下させる

- 土留め壁の背面側を地盤改良する
- 掘削をする受働側を地盤改良する

　基本的な抑制対策と地盤状態を変える抑制対策がありますが，全て単独で対策を行うのではなく，組み合わせて安全性と経済性を比較しながら実施してください。

　変形量が小さいうちは構造に対して悪さをしませんが，変形量が大きくなると一気に破壊が進み，破壊を止めることが不可能になります。一応の目安としては，許容値ぎりぎりまで変形をさせない仮設計画が重要となります。

6　土留め壁の剛性を高めるには

　土留め壁の変形を抑制する方法として，「土留め壁の剛性を高める」と前述しました。剛性の高め方は主に以下の2点があげられます。

① 鋼矢板の型式をアップする（Ⅱ型 → Ⅲ型，Ⅲ型 → Ⅳ型，Ⅳ型 → V_L型に変更する）。

② 土留め壁として使用する鋼矢板の断面二次モーメントは，全断面有効の45%とします。ただ『仮設構造物工指針』では，「鋼矢板継手部の掘削両側を鋼矢板頭部から50 cm程度溶接したり，コンクリートで鋼矢板頭部から30 cm程度の深さまで連結して固定したもの等については，断面二次モーメントを全断面有効の80%まで上げることができる」とあります。

　また同様に，断面算定における土留め壁の断面係数は，全断面有効の60%の断面係数としますが，『仮設構造物工指針』では，「鋼矢板継手部の掘削両側を鋼矢板頭部から50 cm程度溶接したり，コンクリートで鋼矢板頭部から30 cm程度の深さまで連結して固定したもの等については，断面係数を全断面有効の80%まで上げることが

できる」とあります。

　土留め壁に用いる鋼矢板の型式をアップさせるとコストが増大しますが，頭部の固定を行うだけでよいのであれば，わずかなコストアップで済むことになります。この方法は，汎用性が高いので記憶しておきましょう。

　ただし，『仮設構造物工指針』にある自立式土留め工については，根入長さの計算については，土留め壁をⅡ型からⅢ型にアップしたり，Ⅲ型からⅣ型にアップさせて剛性を上げても，根入長さがかえって長くなってしまいます。「4 自立式土留め工は根切深さが3mまでとする」でお話ししましたが，自立式土留め工は根切深さ3m以下として計画を立案する必要があります。

　仮に，3mを超える根切深さの土留め工の計画には，土留め工周辺の条件によりますが，根切深さが3mとなるように，周辺の土砂を撤去することがポイントです（**図Ⅲ-3**）。

$$\theta = 45° + \frac{\phi}{2}$$

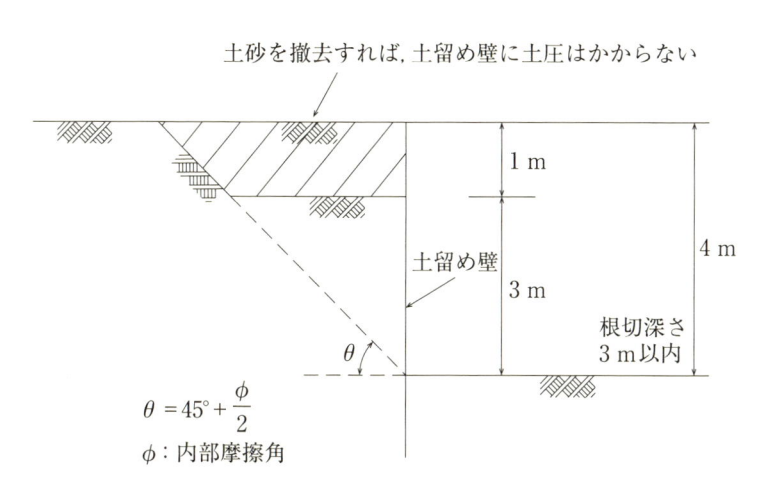

ϕ：内部摩擦角

図Ⅲ-3　自立式土留め工の根切深さを3m以下にする

7 硬い地盤に鋼矢板を打設するときには

　市街地で鋼矢板を打設するには，振動と騒音が発生しない工法を採用する必要があります。したがって鋼矢板を打設するには，油圧圧入引抜工とアースオーガ併用圧入工が採用されています。油圧圧入引抜工は，『国土交通省土木工事標準積算基準書（共通編）』（以下「標準積算基準書」とする）によれば，「圧入（$N_{max} \leqq 50$）は，$25 < N_{max} \leqq 50$ の場合，又は，$N_{max} \leqq 25$ で転石等によりやむを得ず杭打ち用ウォータージェットを使用する必要が生じた場合に適用する」となっています。

　ここでN値＝25以上の砂質土か礫質土には，ウォータージェットを併用して打設を行います。また，$N_{max} \leqq 50$ 以下の硬質地盤（粘性土や砂質土地盤）には，適用範囲が広い油圧式のアースオーガ併用圧入工が使用されます（**表Ⅲ-5**）。

　硬質地盤に対して鋼矢板やH形鋼を打設するためには，硬い地盤を乱しながら圧入していく方法しかありません。したがって特に，砂層ではパイピングの検討による必要鋼矢板長さとするほか，ボイリングの検討も合わせて実施し，鋼矢板の必要根入長さを決定してください。硬質地盤の土留め工については，施工方法の設計変更が必要となりますので，鋼矢板長さの必要根入長さについては，変更を想定した土留め工仮設設計計算を実施しておいてください。

　一般的に市街地での土留め壁となる鋼矢板は，油圧圧入引抜工での施工が採用されますが，鋼矢板が打設可能なのか不可能なのかは，『標準積算基準書』を参考にして，ボーリング柱状図から判定ができます。しかし問題となるのは $N_{max} \leqq 25$ の砂層で，ボーリング柱状図でN値＝20～22となっている場合です。『標準積算基準書』の基準上ではウォータージェット併用とはなっていませんので，実際に施工を行ってみる必要があります。施工した結果，鋼矢板が打設できないと判定されてからの工法の変更とな

表Ⅲ-5　矢板工　アースオーガ併用圧入工

最大N値	$N_{max} \leqq 50$	$50 < N_{max} \leqq 65$
圧入長さ	\multicolumn{2}{c}{20 m以下}	
機種	油圧式オーガ 34 kN-m	電気式オーガ 90 kW

電気式オーガ（90kW）は，鋼矢板 V_L 型のみ適用する。
油圧式オーガは最大掘削トルク，電気式オーガはオーガ出力を示す。

『国土交通省土木工事標準積算基準書（共通編）』

るので，土留め工の仮設設計計算においては，パイピングとボイリングの検討を行い，必要鋼矢板根入長さを決定しておく必要があります。**硬い地盤では，根入長さが短く計算されますので，地下水位の標高によって結果は変わりますが，パイピングとボイリングの検討を忘れないでください。**

8 ライフラインの地下埋設物のために土留め壁を設置できない箇所には

　土留め壁に鋼矢板を用いた土留め工において，ライフラインの地下埋設物が存在する箇所は，鋼矢板を打設することができません。土留め壁の鋼矢板によって締切れないために，土留め工の安全を確保するには，鋼矢板を打設できない部分が弱点となってしまいます。さらに砂質土やシルト地盤では，地下水位が掘削する深さより上の場合には，鋼矢板の欠損部をそのままにして，掘削を行うことはできません。鋼矢板の欠損部には，薬液注入工法や噴射撹拌工法を用いて，地盤を強化するか地盤改良工を行うことになります。

　噴射撹拌工法にはCCP工法，JSG工法，コラムジェットグラウト工法などのほか多くの工法があります。規模が大きな欠損部に地盤改良を行うとき，改良後の止水性と施工の確実性を考慮すると，薬液注入工法より信頼性があります。噴射撹拌工法の中でも改良後の適用ができる地盤，改良体の強度，造成可能な径の大きさなどを勘案すると，コラムジェットグラウト工法の適応性が高いと思われます。しかしながらそれぞれの工法の特

徴がありますので，現場条件から最適な工法を選定してください。

　土留め工の欠損部は，地下水位の有無により補強方法や補強範囲が変わります。施工途中で発生する問題点として考えられることは出水です。地下水位以下の砂層は問題であると考えましょう。土留め工内を底盤改良したが止水効果が得られていない箇所として考えられるトラブルは，土留め壁の際からのパイピングや，改良体のラップが足りなかった箇所からのボイリングです（**図Ⅲ-4**）。

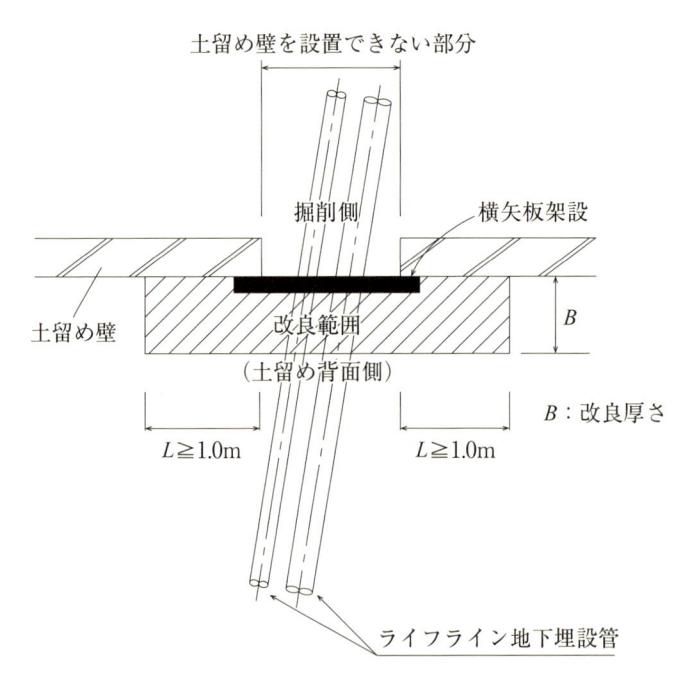

図Ⅲ-4　土留め壁欠損部例　土留め壁を設置できない箇所

　トラブルは想定できますので，地下水位がある土留め欠損部は，人任せにせず担当技術者が納得のいくまで，自らが主体的に事前の検討をしてください。さらに検討結果は自分で抱え込まず，上司や現場の仲間に自分の口から説明してください。説明をすることで施工の手順が明確になります。

　また，上司や現場の仲間からのアドバイスを受けることができるので，

検討が足りないところや追加検討が必要になるところが明確になります。技術者は周りの人を巻き込みながら，それぞれの人の力を借りて，より安全な対策を立案することができれば，大きなトラブルを防止することができます。「今後に起こる事象は，全て想定していたことである」という技術者としての心構えが重要なのです。

もし，想定していなかったという見落としがあったとしても，そのときは落ち込まず前向きに対応するように心がけてください。**トラブルこそが自分自身を成長させてくれる大事な天からの贈り物として，「ありがたいチャンスだ」**と考えてください。

9　鋼矢板の共下がりを防止するために

　土留め壁となる鋼矢板によって締切り掘削を行う場合や直線状に鋼矢板を打設して自立式土留め工を行う場合に，仮設リース材の鋼矢板を使用するのが一般的です。繰り返し使用された鋼矢板は変形していたり，溶接により継ぎ足されたりして，継手に摩擦抵抗がかかるようになります。軟弱地盤での土留め工は，先行して打設した隣接鋼矢板が継手の摩擦抵抗によって，一緒に打ち下がってしまう現象が起きます。鋼矢板の打設高さがまちまちでは，土留め壁が低い箇所には，継足しが必要となり余分な費用がかかります。このような鋼矢板の共下がりを防止するには，以下の対策が必要となります。

① 共下がりする鋼矢板に対して，先行打設した隣接の鋼矢板の継手を溶接する
② 山形鋼や形鋼などを使用してボルト止めや溶接をして，鋼矢板を数枚一体化する

　また，鋼矢板が傾斜して打設されている場合も，共下がりの原因となります。傾斜を修正するには，レバーブロックを使用して鋼矢板を引っ張る

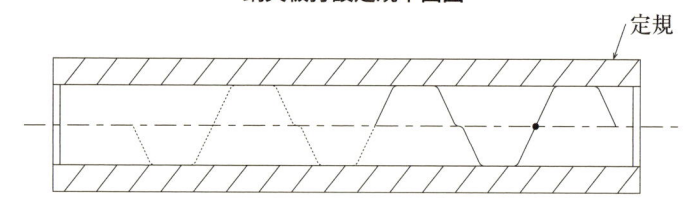

鋼矢板打設定規平面図

鋼矢板打設定規断面図（鋼矢板共下がり防止対策）

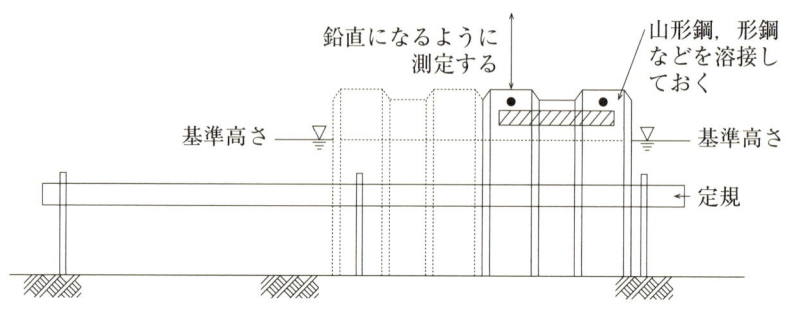

図Ⅲ-5　鋼矢板の打設図

などして，徐々に傾斜を修正しておく必要があります。鋼矢板によって締切る土留め工は，最初に打設した鋼矢板に継手が確実にかみ合わせなければ，土留め工が完成しません。

　したがって，常に鋼矢板の傾斜や距離を測定して，図面どおりに鋼矢板を打設しているかをチェックする必要があります。また，施工途中では鋼矢板の打設高さを一様に高めにしておき，最後に高さを揃えるように順番に，基準高さまで打ち下げるようにしましょう（**図Ⅲ-5**）。

　仮に，最後の鋼矢板が打設できなければ，土留め工の締切りは完成しません。そのときは，大きな代償を払うことになります。

コ・ラ・ム

　実際の事例では，河川敷内の土留め工でのことです。最初に打設した鋼矢板が傾斜しており，鋼矢板の打設天端では，継手が確実に連結されていました。しかし締切りが完成して一安心と思っていたところ，根切から2m上で鋼矢板の継手が外れていました。現場が河川敷でしたから，異常な出水で，掘削ができないばかりか鋼矢板背面の土砂が50cmほど陥没してしまいました。このトラブルの顛末は，次のような時間と費用がかかる結果となりました。

① 土留め工内に水を張った
② 鋼矢板背面から薬液注入を行った
③ 薬液注入の効果を確認するため，強制排水をして出水状況の確認をしたが，出水量は変わらず薬液注入の効果がないことが分かった
④ 再度，土留め工内に水を張った
⑤ 継手が外れたところまで，土留め工内に河川土砂を投入して，鋼矢板背面から再度薬液注入を行った
⑥ 再度，薬液注入の効果を確認するため，強制排水をして出水状況の確認をした
⑦ 出水量は減ったものの薬液注入では，止水することができないとの判断に至った
⑧ 再再度，土留め工内に水を張った
⑨ もう一度，土留め工内の地下水位高さより1m上まで河川土砂を投入した
⑩ 鋼矢板が撤去できなくなる可能性を覚悟しながら，鋼矢板背面にJSGによる地盤改良を行った
⑪ 地盤改良の養生期間を待って再掘削を始めたところ，出水は確実に抑えることができた

　対策工の経過として，発注者との打ち合わせなどにも時間を要し，対策完了まで1.5カ月間の時間を要しました。また，出水原因が鋼矢板継手

のミスということで，発注者からの信頼を失い，設計変更の話もできず多額の費用がかかった事例です。
　ここでの反省点は，河川敷内という透水係数の高い砂礫層に薬液注入は適さないこと，継手が外れたところまでで，河川土砂の投入をやめてしまったことなど費用がかからないようにと段取りしたことが，結果的に裏目に出てしまった事例です。土留め工は，確実に成立していなければなりません。構造物を構築するために作業する人たちが土留め工内に入るので，安全が確保できていることが最低の条件です。
　当初からJSGによる地盤改良という意見がありながら，費用のことを考えてしまい，小出しの対応でいこうと考えたことに大きな問題があったと考えます。このようなときに経験者の意見を聞いて，「金をかけるなら，最初からかけろ」という先達たちの箴言を守っていれば，少なくとも2週間で解決できたと考えられます。発注者の評価としては，人身事故ではありませんでしたが，3度目の対策でやっと収束したのかという最悪の印象だけが工事完了まで付きまとい，工事の評価点数はおよそ期待できるものではなく，残念な結果に終わってしまいました。
　しかし，地盤改良を行った箇所の鋼矢板はスクラップとなりましたが，鋼矢板が全て引き抜けたことは幸いでした。

10　仮設設計はシンプルに考える

　仮設計算はできる限りシンプルに考え，なおかつ安全側となり得るように検討することがよいと考えます。
　ここでの仮設の設計計算は，単純梁と片持梁の2種類で考えます。載荷荷重としては，等分布荷重と集中荷重を考えれば安全側の仮設計算となります。
　例えば，2径間連続梁や3径間連続梁の計算結果と単純梁で計算した結果を比較すると，単純梁で計算した結果の方が応力と変形量が大きいこと

が分かります。現場での仮設設備の設置状況は単純梁であったり，2径間連続梁・3径間連続梁であったり，その設置状況はさまざまとなっています。しかし仮設設備の状況が「2径間連続梁・3径間連続梁となっているから，単純梁より安全側となっている」と理解していれば指示，指導ができることになります。

したがって，仮設計算を単純梁で行っていれば，仮設設備においては2径間以上になるように計画をすれば安全側となり，安心度が高くなりますので，その辺りも確認しながら現場を巡視してください。

結論としては，「仮設設計はシンプルに考える」ということです。

ここで注意しておくことがあります。仮設設備の場合では，応力度が許容応力度以内でも変位量が大きいと危険になります。仮設設備は，各支点となる固定条件がさまざまであること，変位量が大きくなると梁部材を支える支柱等が変形をしはじめ，仮設設計計算をしていない部分に応力がかかるため破壊することが考えられます。

したがって，変形量には最新の注意を払ってください。応力度が許容応力度以内だから大丈夫，と考えていたら大事故を引き起こす結果となります。

現場を運営・指導し，施工管理をする技術者は，仮設計算を会社の設計技術部門に任せきりにして，現場で何も検討しないということでは，いつしか仮設設備に関する大事故を起こすかもしれません。現場を管理する技術者は思い込み，勘違い，見落とし，ミスがないように，人任せにしない仮設設計計算の感覚を養うことが重要です。したがって仮設設計計算は，自分一人でできるように，単純梁と片持梁の計算パターンを表計算ソフトに作成しておきましょう。

常々，単純梁か片持梁かのいずれかと，載荷状態の等分布荷重か集中荷重かを判定して，構造をシンプル化しましょう。表計算ソフトにスパン長さと載荷荷重を入力すれば，応力，応力度，変形量が即座に得られるよう

に4種類の計算パターンを表計算ソフト上に作成してください。

また応力度の照査には，曲げと軸力が同時に作用するときには，軸力がかかる分安全率が低下しますので，その照査も合わせて行います。できるならば，型枠・支保工，足場工・乗入れ構台の計算も表計算ソフトでできるようになってください。

11　鋼材を2つ併設した場合の断面性能もシンプルに考える

鋼材を2つ併設する場合として，土留め工の腹起しを上下に2段設置する場合があります。土留め工の仮設設計において，構築する構造物の形状により，最下段の腹起しと根切の間隔を大きくしなければならないときや，切梁スパン長さを長くしなければならないときに，リース材では断面性能が足りないので，別途に断面性能を満たす鋼材を使用することが発生します。

これは，断面性能に合う鋼材の納期が施工開始までに間に合わないとか，特注する鋼材とリース材を使用するときのコスト比較をしたら，リース材を使用して2段に腹起しを設置する計画に，コストメリットがあると判定できる場合にはよく使う手法です。ただし腹起しに特注の鋼材を使用すると，リース材よりウェブ長さが長くなり，構築する構造物の鉄筋の配置による施工上の制約から掘削幅が広がり，土留め工全体が大きくなることになります。

このように単純に鋼材の重量や鋼材価格だけでなく，施工計画全体を見直す結果となることが考えられます。工事開始時に作成する実行予算には，参考図に則った土留め工の計画で予算化しているので，過度の変更は実行予算の大きなマイナスとなりますのでコスト比較を行い，一番コストがかからない方法を選択しなければなりません。

腹起しを2段設置するとしたときに，土留め工仮設設計を実施する上で

断面性能はどうするのかという疑問がわいてきます。そのようなときにも仮設設計計算はシンプルに考えましょう。腹起しの断面性能は，単純に2倍して計算をしてください。腹起しや切梁に作用する力の計算手法は，下方分担法（その腹起しや切梁の下方にある腹起しや切梁まで，もしくは根切面までの荷重を受け持つという考え方）となっていますので，2段の腹起しを設置する間隔を計画どおりの設置寸法で計算した場合には，上部の腹起しは荷重が少なく，下部の腹起しは荷重が大きくなってしまいます。下部の腹起しにかかる荷重が少なくならないので，仮設設計計算上では2段で設置した意味がありません。

　また2段ある下部の腹起しは，構築する構造物の制約を受けて，下方へ移動できないことになります。そのために，腹起しの断面性能を上げるという対策が必要になるのです。2段に設置した腹起しは，上端と下端の距離の中間点をもって，腹起しを設置する位置とし，1つの腹起しとして計算をすればよいでしょう。そのために必要な断面性能は，設置する腹起しの断面性能を2倍とすればよいのです。やはり，「仮設計画の場合に，2つの鋼材を併設した場合の断面性能もシンプルに考える」ということなのです（図Ⅲ-6）。

　腹起しの断面性能を上げる方法として，上下ではなく並列に二重に設置する方法もあります。この方法のメリットは，切梁を1段設置すればよいことです。しかし，構築する構造物との離隔を確保するために腹起し1つ分の幅を広くする可能性があります。さらに締切りの場合では，両端になりますので，腹起し2つ分の幅を広くする必要がありますので，掘削土量が多くなり，土留め壁の数量も増えることになります（図Ⅲ-7）。

　また腹起しにかかる力は，切梁に接している腹起しに作用してしまうことになりますので，腹起しのフランジを堅固に固定しておく必要があります。またもう一つ腹起しを固定することが必要な理由は，掘削による鋼矢板の変形や気温の上昇などにより，切梁に上向きの力が働くことがありま

①最下段の腹起しと根切までの間隔を大きくしたい場合

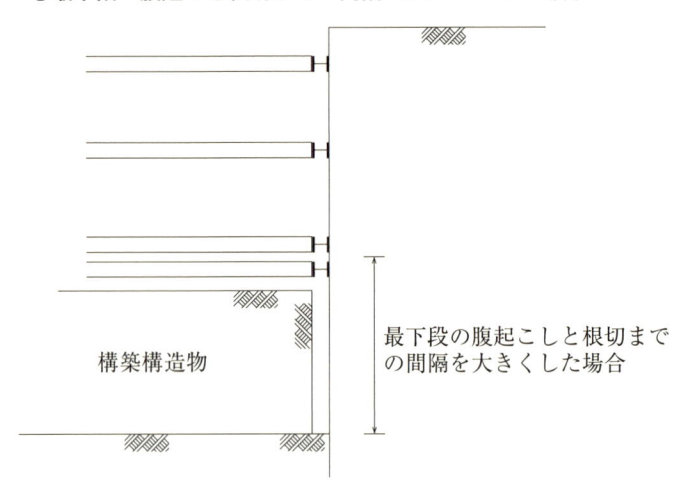

構築構造物

最下段の腹起こしと根切までの間隔を大きくした場合

②構造物の形状から切梁スパンを長くしたい場合

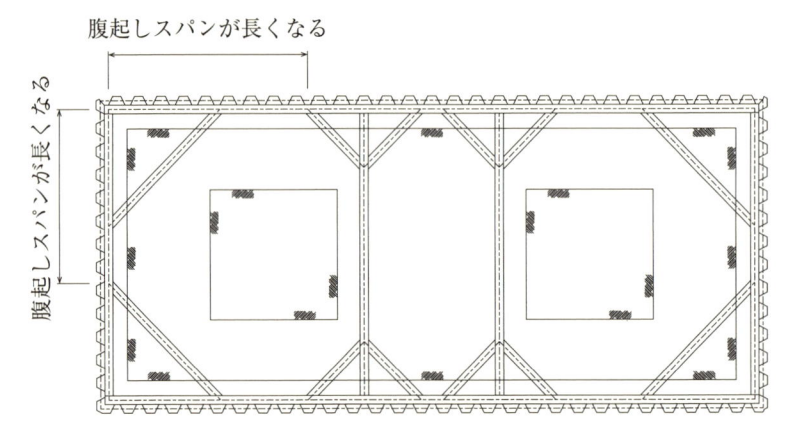

腹起しスパンが長くなる

腹起しスパンが長くなる

図Ⅲ-6　土留め工の腹起しを上下に2段設置

すので，堅固な固定がなされていなければ，腹起しにズレが生じる危険性があるためです。

　確実に固定された腹起しの断面性能は，別途計算をしてアップさせるこ

Ⅲ 不安全にしない仮設土留め工の管理スキル

```
                           ┐
    ═══════════════════════┤
                           │
    ═══════════════════════┤ ─── 二重に設置
                           │
    ═══════════════════════┤
                           │     ① 切梁が1本となる
          ▨▨▨▨            │     ② 掘削幅を大きくする可能性がある
                           │     ③ 腹起し材をボルトで固定して一体と
         構築構造物         │        して荷重に抵抗させる必要がある
                           │
          ▨▨▨▨            │
                           │─── 掘削幅が大きくなる
                           ┘
```

※離隔距離に注意する
※腹起しの断面性能は，ボルトで固定するもののリース材を使用するので，
　安全側で考えて2倍とすればよい

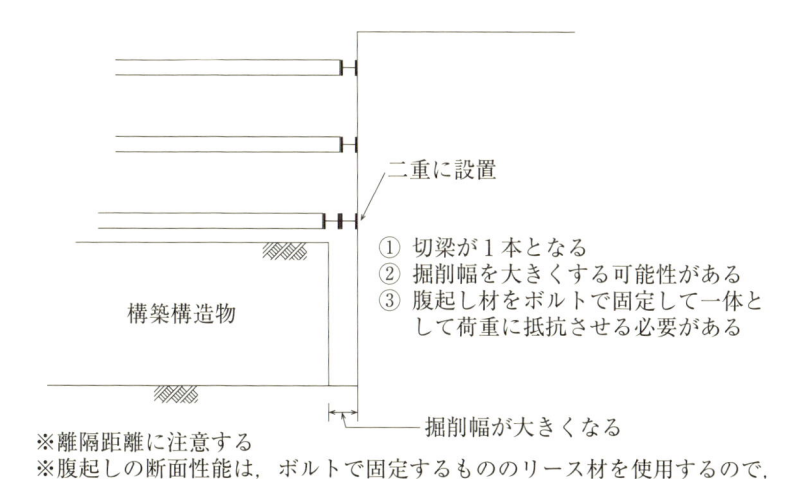

図Ⅲ-7　土留め工の腹起しを並列に設置

とが可能ですが，リース材を使用すること，固定の度合いが不確実なことを勘案すると，上下2段で腹起しを設置した場合と同様に，設置する腹起しの断面性能を2倍とすることが安全側となると考えられます。**しかし固定の状態に不備があれば，切梁側の腹起しに荷重が集中してしまい，危険側になってしまうリスクがありますので，人任せにせずに設置時には，施工管理のポイントとしてチェックしてください。**

12　土留め工の安全性を向上させる底盤コンクリートは掘削底面全体に打設する

　土留め工における締切り内の掘削は，危険な状態を作り出していることになります。掘削が完了する段階の最終の掘削深さのときが，最も危険な状態となります。このとき，構造物の施工の手順を勘案すると一般的に切梁を設置する間隔を確保できない場合や，設置した切梁を撤去しなければ施工ができないなどの問題が発生します。

　そのようなときには，支障となる切梁を撤去する代わりに捨て梁を設置

して，切梁の代わりとする手法があります。土留め工の仮設設計計算においては，捨て梁を考慮して計算をすることができますので，掘削が完了した時点で，捨て梁の代わりに掘削底面に全体にコンクリートを打設して，捨て梁を兼ねる施工を行います。一般的な構造物の施工手順として，掘削完了後に基礎材 20 cm を施工し，均しコンクリート 10 cm を打設します。

したがって，掘削底面に捨て梁としてコンクリートを打設する場合，基礎材と均しコンクリートを合わせた 30 cm の厚さとします。基礎材の施工がなくなるので，発注者には事前に，基礎材を均しコンクリート同様の配合のコンクリートに変更する趣旨の承諾を受ける必要がありますので，独自の勝手な判断は禁物です。軟弱地盤での土留め工においては，根切面が泥濘化しますので，設計の基準となる掘削深さを確保するには，5 cm 程度深くなるようです。この 5 cm を利用して鋼矢板の際には，端太角(ばたかく)などを配置して，5〜10 cm 下げておけば，鋼矢板から出水する水の排水路となります。

また，鋼矢板からの出水量を考慮して 1〜2 箇所水中ポンプを設置す

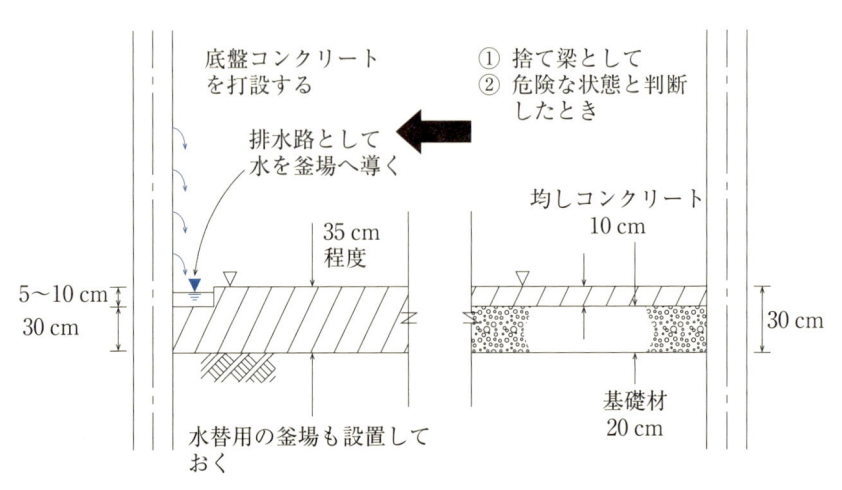

図Ⅲ-8　施工性も向上する底盤コンクリート

るための縦50×横50cmで，深さ40cm程度の排水釜場を鋼矢板の際に設けておきましょう。均しコンクリート上に水が溜まることなく，鉄筋の組立てや型枠の組立ての施工性が向上します（**図Ⅲ-8**）。

軟弱地盤での土留め工において，捨て梁が必要な場合には，底盤コンクリートによる捨て梁としてください。軟弱地盤では掘削完了後，時間の経過とともに鋼矢板から継続的に掘削底面の地盤に力がかかり，徐々に鋼矢板が変形していきます。鋼矢板の変形によって掘削底面以下の地盤が圧密されます。

さらに，継続的に掘削底面以下の地盤に応力がかかるとクリープによって変形しますので，経過時間とともに変形量が加速して大きくなってしまいます。「10 仮設設計はシンプルに考える」で示したとおり変形が大きくなることは，仮設設計計算上，非常に危険なことです。鋼矢板の変形をできる限り起こさない手順を考えるとすれば，底盤コンクリートの施工は，施工性を向上させる効果もある簡単で重要な安全対策となります。

土留め壁の変形量が計算値よりも大きな場合や，掘削深さを間違えて計画高さより深く掘削してしまった場合などには，土留め工が不安定となっているので，時間を置かずに素早い対応をすることで，安全を確保できます。軟弱地盤の土留め工は，底盤コンクリートを打設して安定を確保してください。

底盤コンクリートは，捨て梁にかかる軸力を底盤コンクリート1m当たりに換算した軸力に対して，幅1m×厚さ0.3mの断面積で除して，コンクリートの圧縮許容応力度（普通18-8-40の場合であれば，$18 N/mm^2$）を超えなければ，コンクリートの厚さとして十分でしょう。底盤コンクリートが土圧に抵抗できずに上方に割れるバックリングは，構造物の基礎コンクリートを打設すれば発生しませんが，仮設設計計算の間違いや異なる土質柱状図を使用して，仮設設計計算をしていなければ経験上問題になりません。

13 ポータブルコーン貫入試験から推定できる土質定数をうまく使えば判定ができる

　ポータブルコーン貫入試験は，軟弱な粘性土地盤の判定，軟弱層の層厚などを簡易に測定できる優れものです。ポータブルコーン貫入試験で使用する試験機は，単管式のコーンペネトロメーターと呼んだ方が理解していただける人も多いと思います。単管式なのでロッド周面の摩擦を含んで測定するので，適用深さは3～5mとなっています。それ以上の深さに適用するには，ロッド周面の摩擦を除いて測定できる二重管式が使用されます。

　特に，単管式は軽量で操作が容易なのでよく使用されます。土工事における重機械が，走行できるかを判定するためのトラフィカビリティを測定するときや，工事用道路など仮設に使用する場合に，軟弱層の置換え深さを測定するときなどには大いに力を発揮してくれます。

　地盤調査法のポータブルコーン貫入試験の中に，コーン抵抗値と一軸圧縮強度の関係が明確になっています。また，『土木学会誌』の室町忠彦氏の論文「粘性土におけるコーンの貫入抵抗と一軸圧縮強度の関係」からコーン抵抗値と地耐力の関係式が導き出されています。それはTerzaghiの支持力公式から，コーンの抵抗値と一軸圧縮強度の関係式から導き出されています。軟らかい粘土質地盤と締まった粘土質地盤の許容地耐力が推定されていますので，**表Ⅲ-6**を参照してください。

表Ⅲ-6　コーン支持力値による許容地耐力の推定

地盤の状況	推定される破壊状態	基礎の種別	許容地耐力推定式
軟らかい粘土質地盤	局部せん断破壊	連続（帯状） 独立（円形，方形）	$q_a' = 0.13\, q_c$ $q_a' = 0.17\, q_c$
締まった粘土質地盤	全般せん断破壊	連続（帯状） 独立（円形，方形）	$q_a = 0.19\, q_c$ $q_a = 0.25\, q_c$

「粘性土におけるコーンの貫入抵抗と一軸圧縮強度の関係」『土木学会誌（室町忠彦氏論文）』
（公益社団法人 土木学会）

一般的には，コーン抵抗値と許容地耐力の関係式は以下のとおりです。
$q_a = (0.15 〜 0.20) q_c$

14 コーン抵抗値，N値，一軸圧縮強度，CBRの関係式

　コーン抵抗値，N値，一軸圧縮強度，CBRは，工事を進めていく上で役に立つ関係式です。特に，締まっていてダンプトラック走行できる硬い地盤であれば，ほとんど問題はありませんが，軟らかい地盤を相手にしたときには，どのような理論によって工事を安全に進めていくかを考えなければなりません。そんなときに役に立つ身近にあるものは柱状図でしょう。

　しかし，柱状図だけでは軟弱で置換が必要な層厚を判定できません。そこで，ポータブルコーン貫入試験を実施するといろいろなことが分かるようになります。ポータブルコーン貫入試験機は，リース会社に問い合わせれば簡単に借り受けることが可能です。ダンプトラックが走行できる工事用道路を造成するために，必要な設計変更資料として使用できます。

　さらにコーン抵抗値，N値，一軸圧縮強度，CBRの関係式を駆使すれば，発注者へ理論立てた説明ができることになります。粘性土地盤はさまざまな研究がなされているので，知っていればこれほど強い味方はありません。土質の違いによる粘着力や内部摩擦角の関係式と合わせて，参考にしてください。関係式はタブレット内に記録しておけば，いつでも確認することができます。タブレットは第2の脳として活用し，記憶の格納場所と考えて手元に置いて持ち歩く使い方をお勧めします。

【参考　地盤調査における粘性土地盤の関係式】
① 一軸圧縮強度と粘着力の関係
$$c = \frac{1}{2} q_u$$

② Terzaghi and Peckの一軸圧縮強度とN値の関係

$q_u = 12.5N$

③ 粘着力とN値の関係

$c = \dfrac{1}{2} q_u = 6.25N$

④ 一軸圧縮強度と粘着力への換算

$q_c \fallingdotseq 5q_u = 10cu$

⑤ 東京地盤(粘性土, シルト)大崎式一軸圧縮強度とN値の関係

$q_u = 40 + 5N$

⑥ コーン抵抗値とCBRの関係

粘性土

$q_c = (290 \sim 320) CBR$

関東ローム(乱した試料)

$q_c = (200 \sim 390) CBR$

⑦ 一軸圧縮強度とCBRの関係

関東ローム(盛土における現場CBR)

$q_u = (8.2 \sim 16.3) CBR$

セメント安定処理(砂質土)

$q_u = 9.8 CBR$

q_u：一軸圧縮強度 (kN/m²)

N：N値

CBR：室内CBR・現場CBR

q_c：ポータブルコーン貫入抵抗 (kN/m²)

c：粘着力 (kN/m²)

c_u：非排水せん断強さ(粘性土の粘着力)(kN/m²)

参考資料：『地盤調査の方法と解説』(公益社団法人 地盤工学会)

15　地盤の沈下量は破壊の目安となる

『仮設構造物工指針』によれば、「土留め壁背面地盤の変位に関する実験や、現場計測結果によると、地表面沈下量A_sと、土留め壁の変形に伴う変形度量A_dの間に、$A_s \fallingdotseq A_d$の関係が認められており、これを利用して地表面沈下を検討する」さらに、「ただし、地下水位低下による圧密沈下の影響が大きいと考えられる事例では、$A_s > A_d$となっており、このような場合には、別途圧密沈下を計算し、地表面沈下量を加える必要がある」とあります（**図Ⅲ-9**）。

土留め工の仮設設計計算を実施すれば、計算結果である変位量から地盤の沈下量が逆算できるということになります。計算結果の変位量をCADを用いて鋼矢板の変形図を作成し、その面積と同じになるように地表面沈下量の想定図を作成すれば、おおよその最大沈下量を判定することができ

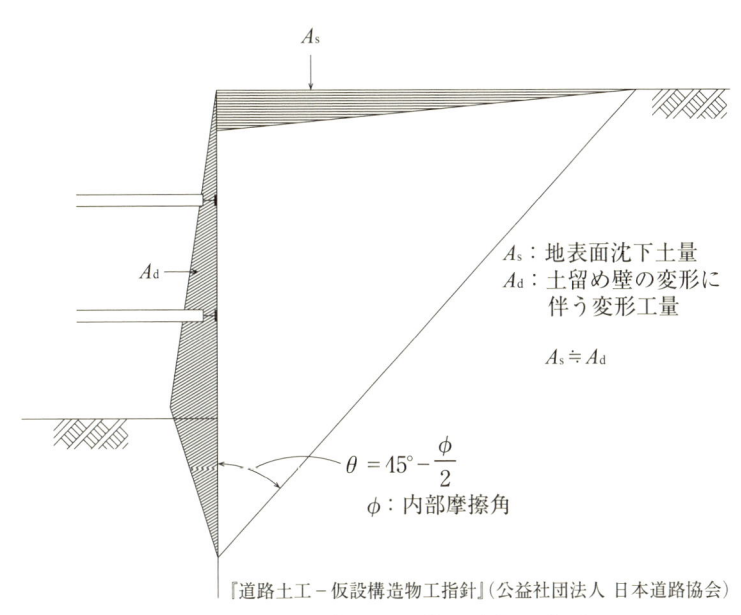

A_s：地表面沈下土量
A_d：土留め壁の変形に伴う変形工量
$A_s \fallingdotseq A_d$

$\theta = 45° - \dfrac{\phi}{2}$
ϕ：内部摩擦角

『道路土工－仮設構造物工指針』（公益社団法人 日本道路協会）

図Ⅲ-9　開削工事による背面地盤の変形

ることになります。土留め工の計算から，掘削に伴う地表面の沈下量を把握しておくことは，施工計画においては必要な事項と考えます。有限要素法を用いて沈下量を推定することもできますが，簡単なボーリング調査結果には，詳細な土質試験データがないのが一般的なので，想定したデータで有限要素法を用いても，参考程度の評価しかできないので有効ではありません。土留め工に近接した重要な構造物やインフラが存在する場合には，確実なデータが必要となりますが，管理者との綿密な打ち合わせの結果により，土質調査の有無を判断すればよいでしょう。施工計画段階では，上記の『仮設構造物工指針』を引用して，土留め工の仮設設計計算の変位量から表面沈下量を推定すればよいと思います。

　市街地の軟弱地盤での土留め工による開削工事において，掘削途中で表面沈下量が大きくなり出したときに，現場を運営する技術者は土留め壁の安定は確保できるのかなどと心配になります。簡単なたとえとして，一軸圧縮試験を思い出してください。粘性土の一軸圧縮試験では，弾性域から塑性域に入り破壊に至ります。N値が小さい軟弱地盤では，変形量が弾

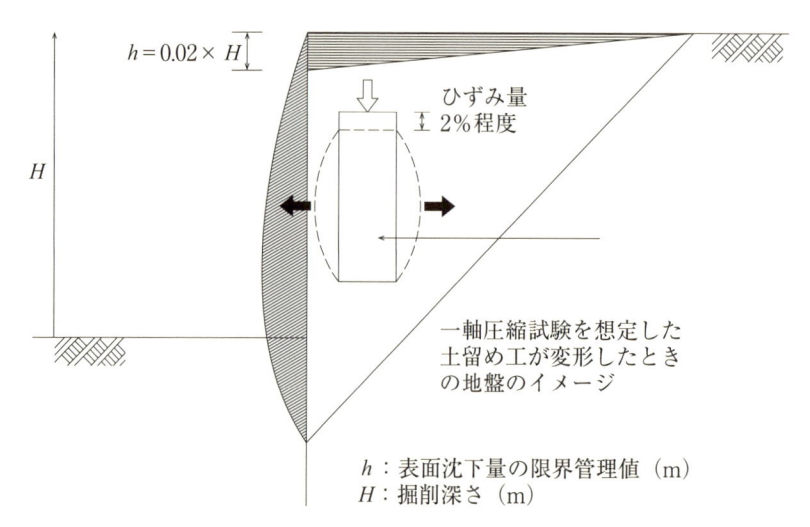

図III-10　軟弱地盤における表面沈下量から地盤の破壊を想定する

性域の範囲であれば安心していられますが，急激に変形量が大きくなる塑性域になってしまうと，地盤は変形を元に戻すことができなくなります。

したがってあと少し荷重がかかると地盤が破壊してしまいます。「土留め工に関して地盤のひずみ量を把握できるのか」と疑問を持たれると思います。N値が小さな地盤では，弾性域としてひずみ量を2％程度が限界と考えれば，表面沈下量と掘削深さの関係から，危険と考えた方がよい関係式は以下のようになります。

$h = 0.02 \times H$

h：限界表面沈下量（m）　　H：掘削深さを（m）

となります。

5mの掘削深さであれば，0.1mの表面地下量が発生したら，地盤が弾性域から塑性域に入ってしまったと考えて，土留め工を安定させる対策を立てる必要があると理解することができます（**図Ⅲ-10**）。

現場を管理する技術者は，現場の事象からの経験と勘が大きな財産となり，安全に工事を進めていくことができるようになります。漠然とした経験だけではなかなか説得力がありませんが，少し見方を変えてみると見えてくるものがあります。自分自身のこじ付けや思い込みで理論付けできていない経験値でも，本をひも解き数値化してみると，理屈が通る理論になります。なので経験値を積み上げることは，安全に工事を進めていくためには必要です。

そのような経験値を社内で共有できれば，部下の誰かしらが本格的に理論武装してくれて，社内の技術的なノウハウに育ちます。一人の技術者のこだわりある経験値が，納得がいく理論を持てば，素晴らしい技術へと変化します。経験値の蓄積こそが技術者自身の成長であり，会社の成長となります。自然と身に付いた経験値や，上司の何気ない言葉が技術の宝庫となるのです。**それぞれの技術者が，自身の多くの経験と勘を伝承していく**

ことこそ素晴らしい技術者の生き方と考えてください。技術者人生の終焉を迎えるとき，経験と勘を伝承することができた技術者は，自信に満ちた満足のいくエンジニア人生であったと振り返ることができるでしょう。

16 鋼矢板を抜くと下水管が沈下する

　土留め壁の引抜きに伴う周辺地盤の沈下量予測手法が，『仮設構造物工指針』にあります。また，過去の実績から正確な精度で沈下量を推定できます。鋼矢板に付着する土砂の形状は，鋼矢板Ⅱ～V_L型まで図示しました。また，鋼矢板に付着して空洞となる断面積も示しましたので，鋼矢板の引抜延長，鋼矢板の枚数を乗じて付着した土砂の量が算出できます。したがって，鋼矢板を引き抜くことで影響する面積について，土砂量を除すことにより沈下量を推定することが可能になります（**図Ⅲ-11～Ⅲ-16**）。

　粘性土は鋼矢板に確実に付着してしまいますので，施工に関しては沈下を想定して，対策を立案する必要があります。下水道であれば，管が沈下

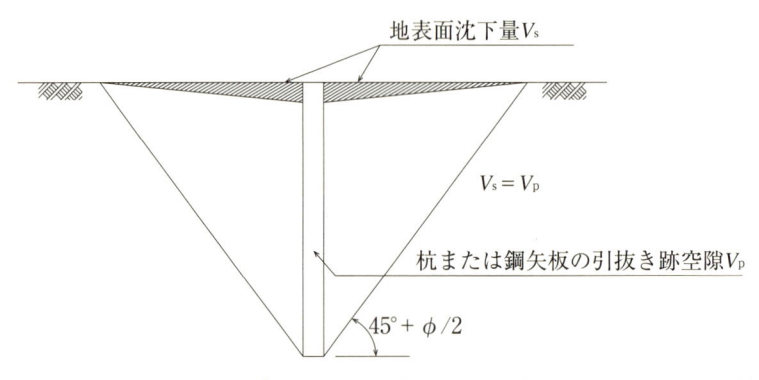

図Ⅲ-11　土留め壁の引抜きによる周辺地盤の沈下量算定手法

（図中ラベル: 地表面沈下量 V_s ／ $V_s = V_p$ ／ 杭または鋼矢板の引抜き跡空隙 V_p ／ $45°+\phi/2$ ／ 『道路土工－仮設構造物工指針』（公益社団法人 日本道路協会））

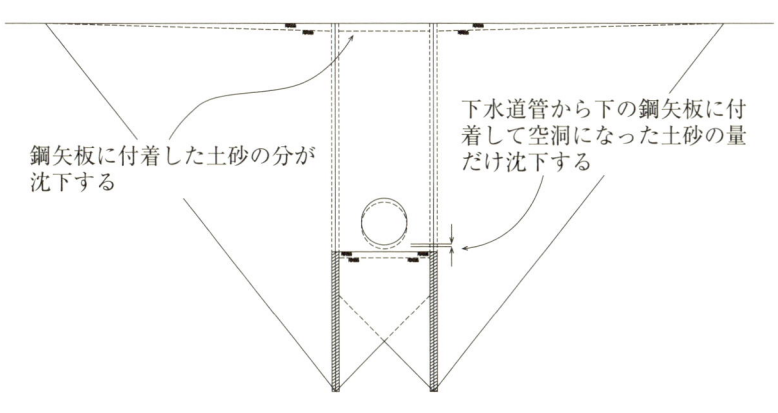

鋼矢板に付着した土砂の分が沈下する

下水道管から下の鋼矢板に付着して空洞になった土砂の量だけ沈下する

下水道管から下の鋼矢板引抜延長分の土砂量が沈下する

図Ⅲ-12　土砂量の沈下

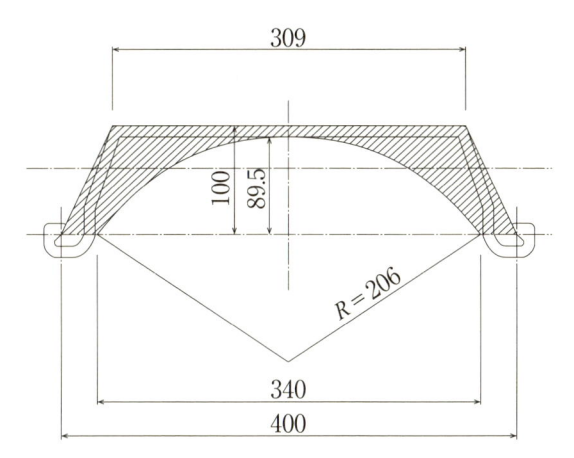

$a = (0.309 + 0.4) \times 0.100/2 - (0.206^2 \times \pi \times 111.2/360° - 0.34 \times 0.1165/2)$
$= 0.14 m^2$

図Ⅲ-13　鋼矢板Ⅱ型に付着する土砂の形状図

します。道路下であれば，地表の舗装に影響が出ることになります。

また近接して存在する重要な構造物，インフラ，家屋などがあれば，さらに問題は大きなものとなります。したがって施工計画を立案するときに

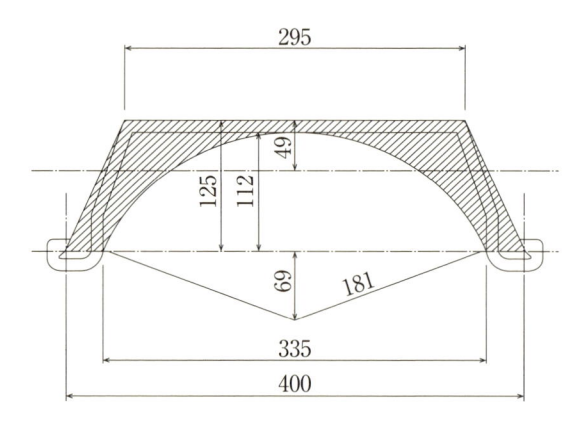

$a = (0.295 + 0.4) \times 0.125/2 - (0.181^2 \times \pi \times 134.6/360° - 0.334 \times 0.069/2)$
$= 0.16 \mathrm{m}^2$

図Ⅲ-14　鋼矢板Ⅲ型に付着する土砂の形状図

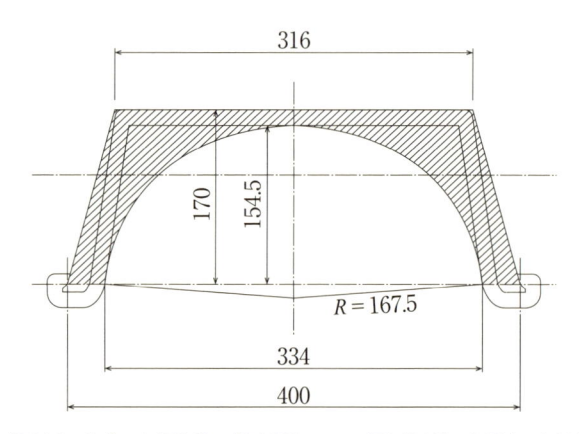

$a = (0.316 + 0.4) \times 0.170/2 - (0.168^2 \times \pi \times 171/360° - 0.334 \times 0.013/2)$
$= 0.21 \mathrm{m}^2$

図Ⅲ-15　鋼矢板Ⅳ型に付着する土砂の形状図

は，沈下を防止する工法を採用することになります。

「鋼矢板を引き抜いたら沈下する」と記憶しておきましょう。

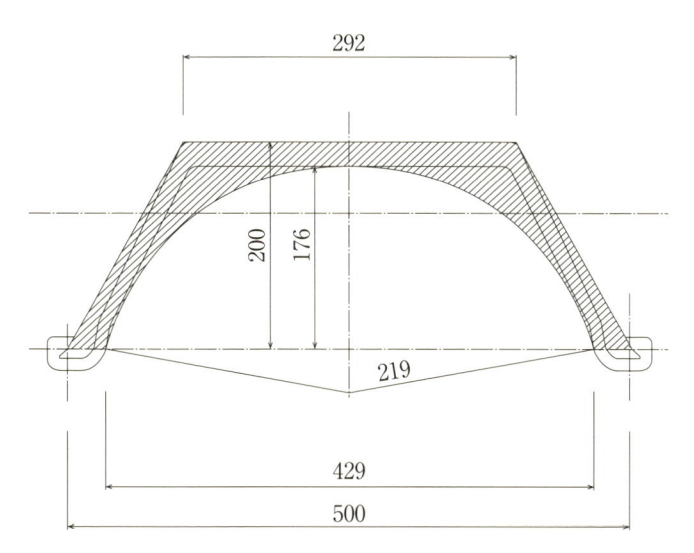

$a = (0.292 + 0.5) \times 0.200/2 - (0.219^2 \times \pi \times 157.0/360° - 0.429 \times 0.043/2)$
$= 0.23 \mathrm{m}^2$

図Ⅲ-16　鋼矢板V_L型に付着する土砂の形状図

17　砂層はボイリングに注意する

　土留め工内の掘削の進行によって，主働側地下水位と掘削側の水位差が大きくなり，受働側地盤に上向きの浸透流が生じ，浸透圧力が土の有効重量より大きくなったときに，砂の粒子が湧き立ち，掘削面の安定が損なわれて，最悪の場合は土留めが崩壊する現象をボイリングと言います。土留め工の仮設計計算において，砂層では必ずボイリングの検討を行ってください（**図Ⅲ-17**）。

　対策工は周辺環境に問題がなければ，地下水位低下工法となります。重要構造物が近接している市街地では，底盤止水改良工法を採用します。

$$Fs = \frac{W}{U}$$
$$Fs \geqq 1.2$$

透水層

過剰間隙水圧

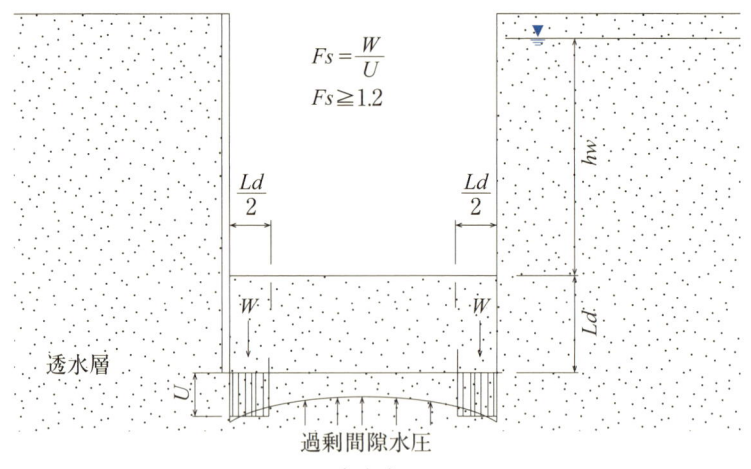

Fs：安全率
Ld：根入長
hw：水面から掘削底面までの高さ
W：土の有効重量
U：過剰間隙水圧

図Ⅲ-17　地下水位の高い砂層のボイリング

18 砂地盤ではパイピングに注意する

　パイピングとはボイリングが局部的に発生し，鋼矢板の際やオールケーシングによる基礎杭周面などに沿って進行し，パイプ状にボイリングが発生する現象です（**図Ⅲ-18**）。

　ウォータージェットやアースオーガなどで，地盤が乱された部分でパイピングが発生することがあります。現象が現れたら，すぐに対応しないと危険となります。

　一般的にＮ値＝25以上ある砂地盤では，鋼矢板を圧入工法で打設しようとしても，鋼矢板を圧入することができない場合があります。このような地盤では，補助工法としてウォータージェットを併用し，鋼矢板を打設します。特に，市街地であれば振動を伴う施工方法は採用できないので，

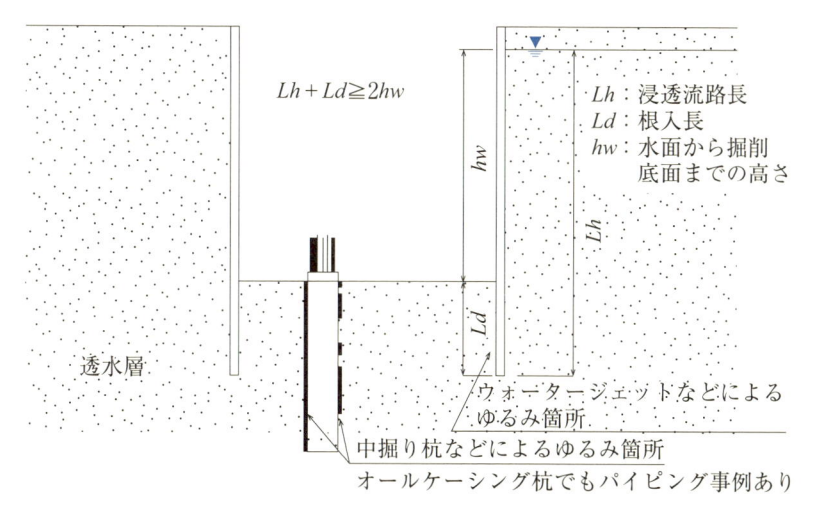

図Ⅲ-18　砂層を緩めた箇所のパイピング

ウォータージェット併用の油圧圧入引抜工となります。

　比較的良い地盤だと判断して，市街地で油圧圧入引抜工で鋼矢板を打設する施工計画を立てても，鋼矢板を圧入することができません。また圧入機械のランクを上げてトライしても，やはり鋼矢板を圧入することができないことはよくあることです。

　鋼矢板を打設するために，ウォータージェット併用を用いたということは，地盤を乱しながら鋼矢板を打設しますので，パイピングの検討をする必要があります。もしパイピングの検討を忘れていたとしたら，危険極まりないことになります。自らトラブルの原因を作っていることになり，現場を安全に運営することはできません。

　ボーリング柱状図を見て，砂層でＮ値＝20〜25の砂地盤であれば，鋼矢板の圧入が不可能になることを想定してください。さらに，砂層ということで，パイピングとボイリングの検討を必ずしておく必要があります。

① パイピング予防対策
- セメントミルク注入を鋼矢板の打設時に行う

→鋼矢板を引き抜くことができなくなる可能性があるので，埋殺しとなる場合がある
- パイピングの検討を行い鋼矢板の長さを決定する
  →山留め工の仮設計計算では，砂地盤においては必ず行う

② パイピングが発生した場合
- 鋼矢板の際，数箇所に砂が吹き上げる現象があることに気づいたとき
  →翌日までに床付け，掘削面全面均しコンクリート（厚さ20cm程度）が打設できる場合は早く施工をする
  →翌日までに床付け，掘削面全面均しコンクリート（厚さ20cm程度）が打設できない場合は，土留め内に水を張り，対策工を検討するできるだけ経験者の判断を仰ぎ自分で判断しない

③ パイピング発生後の事後の対策
- ディープウェル工法を採用する
  →ただし，周辺の地盤沈下が起こる，放流先にも注意，市街地では下水道料金が高いものになる
- 底版改良工法を採用する
  →ただし，高圧噴射撹拌（JSG）などのコストに仮設構台，産廃費用がかかり施工費が高くなる
- パイピングの範囲が狭く，背面土砂の沈下がない
  →水張り後，鋼矢板外側を薬液注入により固めて水みちを止める
- 背面土砂の沈下が発生した場合
  →水張り後土砂や砕石などの投入を行ってから，薬液注入を行うことになるが，できれば経験者に指示を仰ぐのがよい

19 粘土層の下に砂層があれば盤ぶくれする

粘土層の下に砂層があると盤ぶくれ対策を検討してください。粘土層ば

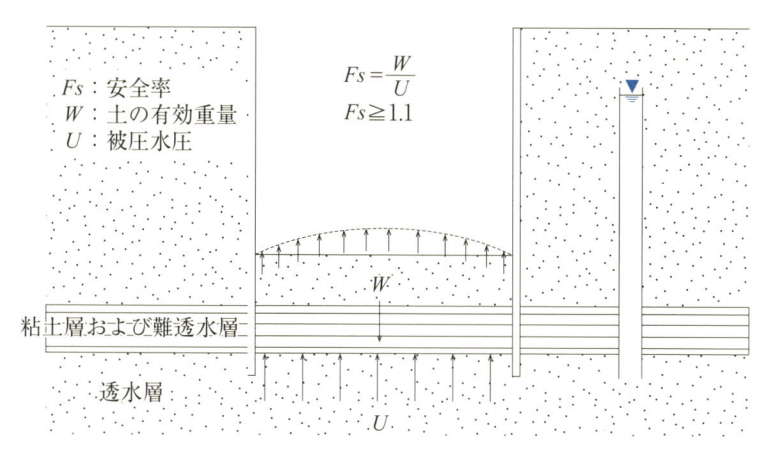

> Ⅲ　不安全にしない仮設土留め工の管理スキル

$Fs：安全率$
$W：土の有効重量$
$U：被圧水圧$

$$Fs = \frac{W}{U}$$
$$Fs \geq 1.1$$

粘土層および難透水層

透水層

図Ⅲ-19　粘土層の下に砂層があれば盤ぶくれ

かりでなく，砂層でも上層が下層の砂層より透水係数の小さな砂層（難透水層）の場合，盤ぶくれが起こります（**図Ⅲ-19**）。

また，同様に下層より透水係数の小さな砂層が存在すると，過剰間隙水圧が発生します。このときは，ボイリングと同じになります。

対策工は，周辺環境に問題がなければ，地下水位低下工法となります。重要構造物が近接している市街地では，底盤止水改良工法を採用します。

また盤ぶくれとは，『仮設構造物工指針』によれば，「地盤の状態は，掘削底面付近が難透水層，水圧の高い透水層の順で構成されている場合，難透水層には粘性土だけでなく，細粒分の多い砂質土も含まれます。

さらに掘削底面の破壊現象は，難透水層のため上向きの浸透流は生じないが難透水層下面に上向きの水圧が作用し，これが上方の土の重さ以上となる場合は，掘削底面が浮き上がり，最終的には難透水層が突き破られボイリング状の破壊に至る」とあります。

つまり，地下水位が高い土留め工の掘削に当たり，根切をする位置に薄い粘土層が存在すると，粘土層に上向きの水圧がかかり粘土層が押し上げられて，掘削底面が破壊することなのです。

このとき粘土層と限定はできず，細粒分の多い砂質土でも同様な現象が起こります。地層の順序として透水層の上に難透水層（粘土層もしくは細粒分の多い砂質土層）がある場合は，盤ぶくれの可能性があるということになるのです。

　粘土層ばかり気にしてしまいがちですが，特に河川内の掘削では，ボーリング柱状図を確認してください。下層に砂層や砂礫層があり，その上に細粒分の多い砂質土層が一般に存在しています。まさに河川内の土留め工を伴う掘削工事では，盤ぶくれの典型的な地層となっています。盤ぶくれは，自然が織り成す地層が悪さをすると記憶してください。

　また，土留め壁の根入下端から1～3m程度下に粘土層がある場合は，土留め壁の下端を粘土層まで長くすると確実な盤ぶくれ対策となります。地下水が土留め工内に供給されなければ，水圧がかかることはありません。数箇所のボーリング柱状図から各地層をゾーニングした図を参考に，粘土層に大きな凹凸がなければ，粘土層に1m程度土留め壁を入れましょう。ゾーニングによって多少の凹凸がある場合には，安全を見て2m程度は粘土層に土留め壁を入れるように計画を実施してください。この対策が，「粘土層を活かして盤ぶくれ対策をする」ということになります（**図Ⅲ-20**）。

　なお，土留め工内を掘削している施工中に盤ぶくれが発生した場合には，土留め壁を長くできません。このため重要構造物が近接している市街地では，周辺地盤への影響を最小限に抑える必要があり，必ず底盤止水改良工法や底盤地盤改良工法を採用してください。

　盤ぶくれ現象が発生した場合は，締切り内に水を張り，以下の対策を実施します。

- ディープウェル工法による地下水低下工法を採用する
    - →ただし周辺の地盤沈下が起こる。放流先にも注意。下水道料金が若干高くなるので要注意
- 底版改良工法で受動側の地盤を改良する

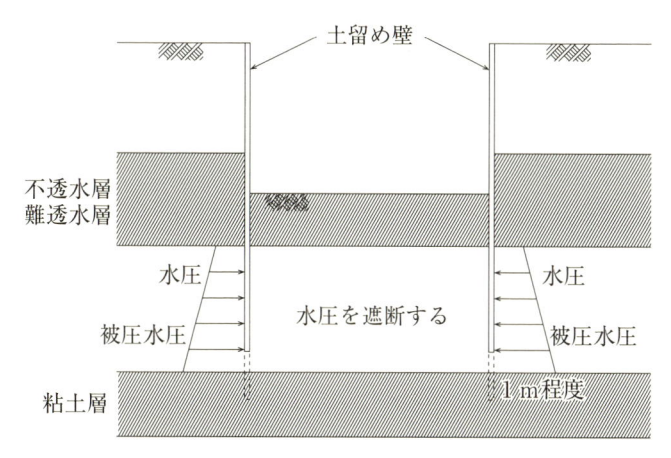

Ⅲ　不安にしない仮設土留め工の管理スキル

図Ⅲ-20　粘土層を活かした盤ぶくれ対策

　→ただし，高圧噴射撹拌（JSG）などのコストに仮設構台，産廃費用がかかり施工費が高い。未改良部分の発生や土留め壁との密着性がない場合があるので，止水効果について注意する

20　軟弱地盤の粘土地盤はヒービングが発生する

　粘土地盤で，N値＝4以下の軟弱地盤においてヒービングが発生します。ヒービング対策工は計画時であれば，土留め壁の根入と剛性を上げることで対応できますが，施工途中では受動側の地盤改良工法で対応します。

　土留め工内に基礎杭を先行して施工した場合は，ヒービングは起こらないとされていますが，軟らかい粘性土地盤では注意が必要となります（**図Ⅲ-21**）。

137

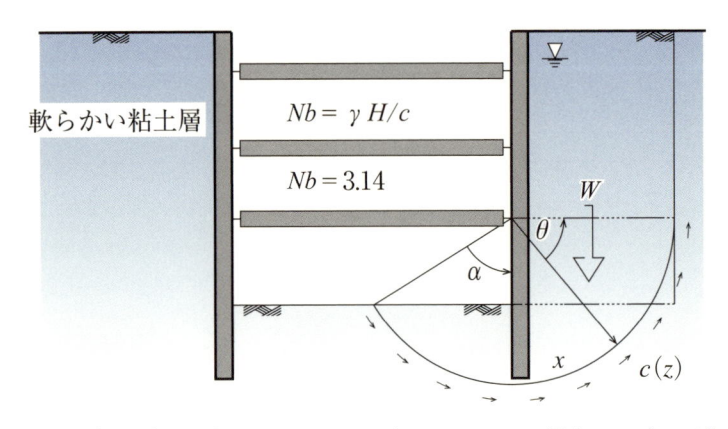

Nb ：安定数（スタビリティーナンバ b），$Nb \geq 3.14$ の場合ヒービングを検討する
γ ：土の湿潤単位体積重量（kN/m³）
H ：掘削深（m）
c ：掘削底面付近の地盤の粘着力（kN/m²）
$c(z)$ 深さの関数で表した土の粘着力（kN/m²）
x ：最下段切梁を中心としたすべり円の任意の半径（m）
W ：掘削面に作用する背面側 x 範囲の荷重（kN）
　　$W = x(\gamma H + q)$
q ：地表面での上載荷重（kN/m²）

図Ⅲ-21　沖積粘土地盤のヒービング

21　土留め工のトラブルの対応は焦らず，ゆっくりで丁度いい

　ここで土留め工が崩壊するというような経験をしないために，土留め工のトラブルは以下の手順で行えば，長く現場を止めることなく安全に対策を進めることができます。

① 砂地盤の場合

- ボイリング・パイピング・盤ぶくれの現象を発見したら，写真（動画）を撮る。直ちに土留め工の中への立入を禁止する
- すぐに水中ポンプを用意して，土留め内に水を張る

② 粘性土地盤の場合

- 床付け完了前に雨が続いたりしたとき，鋼材の軋む音がしたり，鋼

矢板の変形が大きくなったなどの現象を発見したら，すぐに土留め工への立入を禁止する。鋼矢板の変形量を測定し，データと変形状態の写真を撮る。わずかでも異常な兆候を発見した場合も，素早くデータを収集し，直ちに土留め工の中への立入を禁止する
- すぐに水中ポンプを用意して，土留め内に水を張る

万が一土留め工崩壊の予兆を察知したら，砂地盤でも粘性土地盤でもすぐに写真を撮り，水を張ることです（**図Ⅲ-22**）。そして落ち着いて，ゆっくり対策を検討することです。土留め内に水を張れば，崩壊はしません。水を張った後，会社への応援を頼み，解決していくことが大切です。一人で考えずに経験者の話を聞き，対応すればよいのです。経験のない技術者は，自分の予測と全く反対の結果になると考えて戒めることがよいでしょう。焦ってしまってパニックになることは禁物，常に冷静に対処しましょう。

一般に，土留め工のトラブルは**表Ⅲ-7**のようになります。砂地盤では，

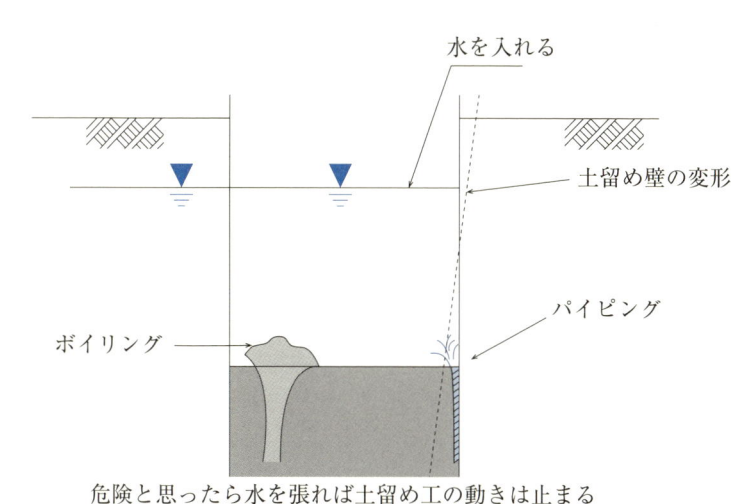

図Ⅲ-22　土留め工におけるトラブルへの対応

表Ⅲ-7　土留め工におけるトラブルの種類

砂地盤	ボイリング，パイピング，盤ぶくれ（互層）
粘土盤	盤ぶくれ（粘土層の下に砂層がある場合），ヒービング

　ボイリング（砂層），パイピング（砂層），盤ぶくれ（互層），粘土地盤では，盤ぶくれ(粘土層の下に砂層がある場合)，ヒービング(粘土層)となります。

　土留め工の条件と発生するトラブルの関係を理解していれば，対策や検討を忘れてしまうことはありません。土留め工の計画時から，事前に対策方法を検討していれば，「想定外だった」（知らなかっただけ）とはなりません。

　トラブルが発生したときに，どんな対策が有効なのかをあらかじめ知っておく必要があります。やはり反復して記憶し，知識として定着させることが何よりも大切なことです。**このため工事を進める過程においては，次工程で起こり得るリスクをイメージして，その対策工を考えることが重要なのです。**

　ここでは，土留め工のトラブルと解決方法を**図Ⅲ-23 ～ Ⅲ-26**に示してありますので，言葉で理解するより，図を見てしっかりと記憶に留めておく方法をお勧めします。

ボイリング対策①
地下水位低下工法ディープウェル

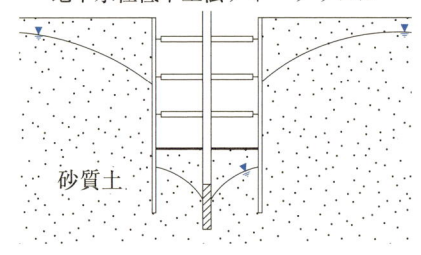

砂質土

締切り内の水位低下

ボイリング対策②
地下水位低下工法ディープウェル

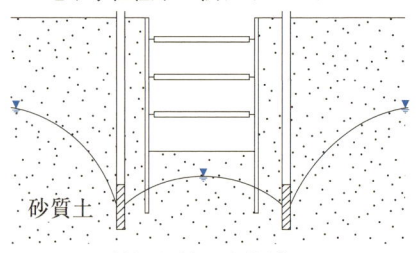

砂質土

締切り外の水位低下

図Ⅲ-23　ボイリング対策工①

Ⅲ 不安全にしない仮設土留め工の管理スキル

ボイリング対策③
地下水位低下工法 ウェルポイント

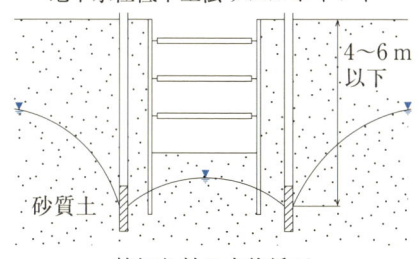

4〜6m以下

砂質土

締切り外の水位低下

ボイリング対策④
底盤止水改良工法 深層混合処理

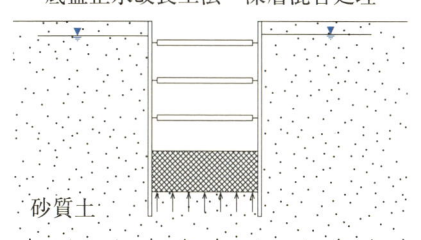

砂質土

締切り内の止水を兼ねた地盤改良

図Ⅲ-23　ボイリング対策工②

パイピング対策①
鋼矢板打設時にセメントミルク注入

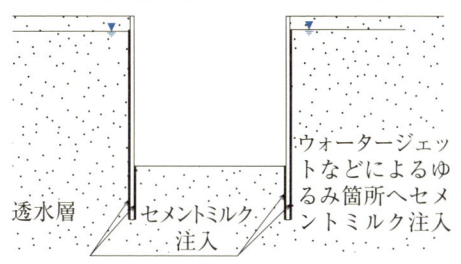

透水層
セメントミルク注入

ウォータージェットなどによるゆるみ箇所へセメントミルク注入

土留め工検討時にパイピングの検討をした場合は鋼矢板長で安全を確保する

パイピング対策②
掘削途中で発生した場合は薬液注入

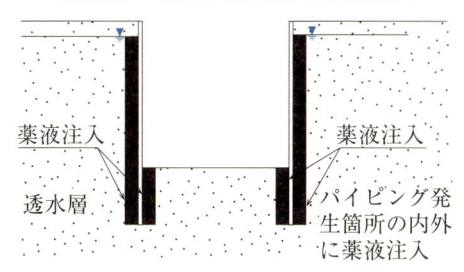

薬液注入
透水層
薬液注入
パイピング発生箇所の内外に薬液注入

パイピングが発生したらすぐに水を張り，薬液注入を行う（水が流れていると固化できない）

図Ⅲ-24　パイピング対策工

141

盤ぶくれ対策①
地下水位低下工法 ディープウェル

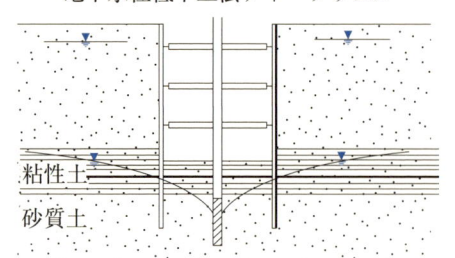

締切り内の水位低下

盤ぶくれ対策②
底盤止水改良工法　深層混合処理

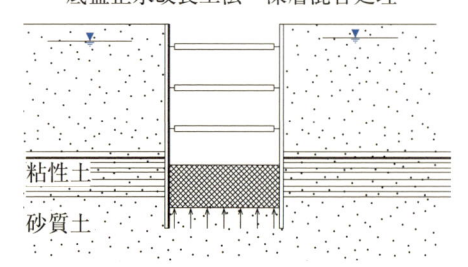

締切り内の止水を兼ねた地盤改良

盤ぶくれ対策③
底盤改良工法　薬液注入

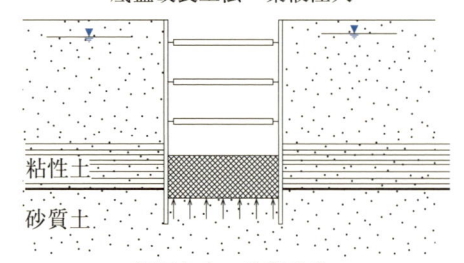

締切り内の地盤改良

● 粘土層と砂層の互層や粘土層の下に砂層がある場合

図Ⅲ-25　盤ぶくれ対策工

Ⅲ　不安全にしない仮設土留め工の管理スキル

底盤改良工法　深層混合処理

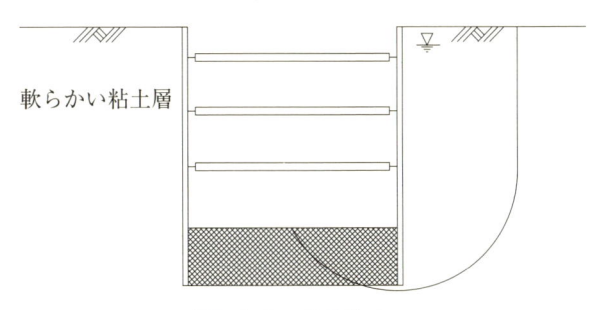

軟らかい粘土層

締切り内の地盤改良

図Ⅲ-26　ヒービング対策工

土留め工のトラブルは，キーワードから想定できるのか！

土留め工のトラブルと解決方法は，言葉で理解するより図を見て記憶したほうが確実だな！

現場施工管理技術者

22　土留め工の条件と発生するトラブルの関係

　土留め工に対して地下水位，砂地盤か粘土地盤，周辺環境，砂層と難透水層が互層に存在，掘削深さ，土留め工の施工法，柱状図のN値と色（褐

色は酸化色，地下水位の変動があるところ）によって，対策工が変わります。

土留めの条件と発生するトラブルの関係の**表Ⅲ-8**は，土留め工の計画

表Ⅲ-8 土留め工の条件と発生するトラブルの関係

番号	土留め工の条件	発生するトラブル	キーワード
1	砂層である	ボイリング，パイピング	地盤
2	N値≧30の硬い砂層がある（補助工法として，ジェット，オーガ併用した場合）	ボイリング，パイピング	施工方法
3	地下水位が高い	ボイリング，パイピング	地下水位
4	軟らかい粘性土である	ヒービング	地盤
5	粘性土層（または難透水性砂層）が砂層の上にある	盤ぶくれ	互層
6	民家や重要施設が近接している	民家が傾き，重要構造物が損傷する（地下水位低下工法はダメ） 崩壊対策は，土留め工内の地盤の強度を上げる 変形量抑制対策は，土留め壁の剛性を上げる	周辺環境
7	土留め工の際に仮置き盛土がある	土留め工の崩壊（根切面から崩壊角（$\theta = 45° - \phi/2$）内なら，上載荷重に仮置き土の重量を考慮しないと崩壊事故）	周辺環境
8	10mを超える掘削深さがある	慣用法で設計すると，土留め工が危険または崩壊の可能性（10m以上は，弾塑性法による解析）	掘削深さ
9	ジャストポイントでのボーリングデータがない	土留め工の崩壊（自費でも必ずボーリングをする。発注の地盤と違えば，条件の違いにより設計変更に必ずなるが，離れた地盤のデータのままで設計すると崩壊事故になる）	柱状図
10	ボーリング地盤高さと現地盤高さが違う	土留め工の崩壊（最初に確認すれば事故にならない。土留め工は，土留め工設計前から牙をむく，トラブルが好き）	柱状図
11	土質調査報告に柱状図はあるが土質試験結果がない	N値・土質で単位体積重量γ，内部摩擦角ϕ，粘着力cを判定する	柱状図

Ⅲ　不安全にしない仮設土留め工の管理スキル

を行うときのチェックリストとして使用すれば，トラブルを未然に防ぐことができるので，参考にしてください。

23 土留め工の危険を回避する対策のまとめ

① 土留め壁打設に支障がないことを確認すること

架空線，埋設管，インフラ，近接重要構造物，近接家屋の有無により，施工計画はまったく違う施工方法を採用することになります。事前の調査を実施して事前に検討をしなければ，絵に描いた餅となり，詳細計画を立案しても意味がないことになります。

② ボーリング柱状図はジャストポイントのものかを確認すること

施工を行う箇所でのボーリング柱状図がなく，50 m 離れた箇所で実施されたボーリング結果を用いて，仮設検討を行ってはいけません。ジャストポイントのボーリング結果がなければ，自費で行ってください。設計図書に示されたボーリング柱状図と相違があれば，土質の変更による設計変更をすることができますので，ボーリング費用を発注者と検討することも可能になります。

国土交通省の『公共工事標準請負契約約款』には，「工事現場の形状，地質，湧水等の状態，施工上の制約等設計図書に示された自然的または人為的な施工条件と実際の工事現場が一致しないこと」について事実を発見したときは，「その旨を直ちに監督員に通知し，その確認を請求しなければならない」とあり，「設計図書の訂正または変更が行われた場合において，工期もしくは請負代金を変更し，必要な費用を負担しなければならない」とあります。

一般的に，1 m 離れた場所でのボーリングでさえ違いがあると言われていますので，50 m 離れた箇所のボーリング結果とジャストポイントのボーリング結果が同じであることは皆無です。変更の過程として，ジャストポ

イントのボーリング結果がないときは，自費でボーリングを行いましょう。柱状図に違いがあった場合は，仮設の検討も含めて費用の負担をお願いするという趣旨で協議を行ってください。契約約款に明示されている以上，確実に設計変更になりますし，ジャストポイントでの土留め工の仮設設計計算を実施することができるので，安全に施工を遂行することが可能となります。

③ ボーリング坑口標高と施工基盤高さとの整合を確認すること

　過去に実施されたボーリング結果を用いる場合には，特に注意が必要です。施工を開始するときの施工基盤高さと，ボーリング調査をしたときの標高が違うことが問題となります。土留め工の仮設設計計算では柱状図に則って地盤条件を入力しますので，土留め工を実施する標高とボーリング調査の標高が同じでなければ，正確な土留め工の計算ができません。ジャストポイントのボーリング柱状図でも，まったく違う計算結果を得ることになりますので，危険となってしまいます。

　したがって，過去のものであれ，最近実施されたボーリング結果であれ，ボーリング坑口標高と施工基盤高さが同じであることを確認することが重要なのです。ボーリング結果の標高が施工基盤高さと思い込むことのないように，必ず確認するという手順を忘れないようにしましょう。

④ ボーリング柱状図に表記された孔内水位標高と，現在の地下水位標高を確認すること

　地下水位は年間を通して一定ではないということです。ボーリング調査が冬期に実施され，施工の時期が夏期や梅雨の期間とした場合，地下水位は上昇していることが考えられます。市街地でも山を背負っている裾野では，被圧がある場合があります。

　また，周辺に構造物などが新設され地下水位の流れが変化していることも考えられます。ボーリング調査の時期や，ボーリング調査後に工事場所周辺に大きなビルができたとかの情報があれば，地下水位の確認は行った

方がよいと考えてください。

⑤ 土質試験値があれば，仮設設計に試験値を採用すること

ボーリング柱状図のN値から土質定数を推定する手法について紙面を割いて説明してきましたが，ボーリング柱状図のほかに土質試験結果があれば，必ず試験結果の定数を採用してください。定数の推定方法は土質試験結果がないときの推定であり，試験データに勝るものではありません。

⑥ N＜4の粘性土層ではヒービングを検討すること

軟弱地盤の粘性土層においては土質試験結果があると，土留め工の仮設設計計算の信頼性が上がります。推定した定数では一般的な結果しか得られないために，危険側の設計計算となることがあります。しかし土質試験結果がないからと言って，ジャストポイントでのボーリング結果であれば，追加してボーリングを行うことになり，自前の費用で行わなければなりません。粘性土層で考えられるトラブルはヒービングなので，必ず検討をしておきましょう。

もしヒービングの検討をせずに，施工途中で土留め工に大きな変位が現れたときには，取り返しがつきません。「転ばぬ先の杖」として，「軟弱地盤はヒービング」と覚えてください。

⑦ N＜8の粘性土層の下に砂層があれば盤ぶくれを検討すること

まさに「読んで字の如し」です。被圧がかかる場合もありますので，地下水位については先に話しましたが，注意をしてください。

⑧ 透水係数の違う砂層が互層にあれば盤ぶくれを検討すること

これも同様に言葉どおりです。透水係数の違う砂層とは，締まった細砂です。その下部の層に透水係数が大きい砂層があれば，上部の細砂は粘性土層と同じになります。

⑨ N＜30の砂層ではボイリングの検討をすること

砂層が連続している場合は必ずボイリングを検討しましょう。土留め壁の長さを決定する場合，地下水位が高い場合は，土圧のバランスで根入長

さが決まるよりもボイリングで根入長さが決まってきますので，「砂層はボイリング」と覚えておきましょう。

⑩ **N＞30の砂層でウォータージェット併用した土留めはパイピングを検討すること**

パイピングの発生原因は，先に示したので省略しますが，鋼矢板を打設するために，ウォータージェットを補助工法として使用した場合は，必ずパイピングの検討をしましょう。特に近接して河川がある場合は，河川の水位が上昇すると地下水位も上昇しますので，根切直前の掘削が完了する時期に豪雨にあうと，危険になることが考えられます。

したがって，仮設設計計算において，地下水位の標高をボーリング孔内水位標高として計算していると，アウトになる可能性があります。土留め工の仮設設計計算は，最悪を想定した極限のときの地下水位も検討しておくことで，掘削完了時での豪雨のときの対策の手順が明確になります。

⑪ **土留め工は1日1回必ず巡視すること**

状況を常に把握して，いつでも対策を実施できるという積極的解決のためです。どんな事象でも原因があり，その変化を見極めていれば，「想定外であった」とはなりません。

特に土留め工は，トラブルの種類やその対策方法が明確になっているために間違えることはありません。ただ勉強不足や無知に関しては，どうすることもできません。自分を磨くには，勉強する以外にありません。

⑫ **危険と思ったら，締切り内に直ぐに水を入れて対策を練ること**

締切り内へ地下水位と同じ高さまで水を投入すると土留め工の変状は止まります。土留め工の変状が止まれば，ゆっくり対策を練る時間ができます。この水張りは，土留め工の全てのトラブルに共通です。水張りを実施したら，落ち着いて検討してください。

⑬ **土留め壁に変状があった場合は写真と動画を撮ること**

土留め工が危険となり，水張りを行うとどんな減少であったかを確認す

るためには，再度水替えをする以外にありませんが，危険な状態に戻すことなど考えても恐怖を感じます。したがって変状を見つけたら，写真と動画を撮りましょう。これが，設計変更のネタに変身してくれる唯一の証拠になります。「何かあったら写真と動画を撮れ」と自分に言い聞かせ，部下にも同じように教育をしておきましょう。

⑭ 自分一人で判断しないで経験者の意見を参考として対応をすること

　土留め工のトラブルは自分一人ではなく会社の組織や外部の力を借りて対策を取るようにしましょう。トラブルを避けているとトラブルに潰されてしまいますが，トラブルを楽しもうと立ち向かえば，トラブルをチャンスに変えることができます。「トラブルのない現場はない」，「トラブルがあるから現場は楽しい」と考えてみましょう。

― コ・ラ・ム ―

　過去に，地下鉄の東京メトロ銀座線における緊急工事中，機電停止後の深夜にトンネル内の調査を行ったとき，上野から浅草に向かって軌道内を歩いているときでした。浅草方面に向かってトンネル左側には結露や湧水が見られましたが，反対の右側は乾燥していることに気が付きました。上野の山から隅田川の方向に地下水の流れがあって，銀座線のトンネルで堰き止められたため，上野の山側だけ地下水位が高く，その反対側は地下水位が低いという現象を発見しました。その現象を見た瞬間に，トンネルが地下水位の流れを変えて，トンネルの左右でボーリング調査をすれば地下水位に違いがあるのだろうと思いました。また人為的に構築された構造物が，東京の地下水位に影響を与えていることに，感動を覚えたことを今でも忘れられません。

　また，東京メトロ千代田線の代々木公園駅に新設のエスカレーター設置工事では，代々木公園からの地下水位の流れが速く，薬液注入による改良ができず，苦労した経験も忘れ難い記憶となっています。現在の地形からは，地下水の流れは想像できないですが，過去の地形図を見れば裾野を埋

め立てた場所であることが見て取れます。昔からの地下水の流れは，地形が変化しても現存するものなのだと考えさせられた経験です。

　市街地における施工現場周辺に台地のような小高い場所があり，その裾野が工事箇所であった場合において，土留め工を伴う開削工事を安全に進めるには，過去の地形図も参考にするなどの配慮も必要となります。

参考文献

『道路土工－仮設構造物工指針』公益社団法人 日本道路協会

『道路橋示方書・同解説』公益社団法人 日本道路協会

『国土交通省土木工事標準積算基準書（共通編）』

「粘性土におけるコーンの貫入抵抗と一軸圧縮強度の関係」『土木学会誌（室町忠彦氏論文）』公益社団法人 土木学会

『小規模建築物基礎設計の手引き』一般社団法人 日本建築学会

第Ⅳ章 出来栄えの良い耐久性のある構造物を構築する管理スキル

　出来栄えの良い構造物は，丈夫で美しい。「出来栄えは全てに優先する」という考え方は，工事に携わった技術者の構造物への思いと，こだわりを感じることができます。施工担当技術者は，コンクリートを打設するまでに行うことや，打設中・打設後に行うことなどたくさんのチェック項目を一つひとつ確実に実施していかなければなりません。全てのチェック項目をクリアした結果として，「良い出来栄え」に仕上がったのであって，「偶然に良い出来栄えになった」ということではありません。

　しかし構造物を構築した経験の少ない技術者は，何をチェックすればよいのか分からず，不安でいっぱいだと思います。一昔前なら，「管理のポイントは経験を積みながら習得すればよい」と誰もが思っていましたが，「出来栄えの良い構造物を構築するのは当たり前」という時代になりました。現在では，竣工時に評価される工事評価点に「出来栄え」という項目があり，高い工事評価点の獲得が要求される時代です。

　さらに，長期的な視野から耐久性に優れた構造物を構築するという目標が加わります。「出来栄え」と「耐久性」というキーワードが構造物の構築に追加されて，「出来栄えの良い耐久性のある構造物」を目指していくということが，施工担当技術者の使命となっています。そのためには，施工技術の向上を図り，スキルやノウハウとして蓄積し，次世代に継承していくことが必要になっています。

　話は変わりますが，公共事業に携わることにより，地図に残る仕事ができたときの喜びは，技術者にとって魅力的です。形として出来上がった姿は，技術者としての誇りとやりがいの象徴として永遠に存在します。多分，社会に出て40年を超えるような技術者人生を全うしたとしても，自分自身で手掛けた仕事が取り壊され，また新たに建設されることはないだろう

と想像できます。そう考えれば，耐久性があり長持ちするように「真心を込めて立派な仕事をする」という気持ちになり，携わった仕事は一生忘れることができない思い出となります。

一方，技術は年々進歩して新しい工法が開発され，その進歩に伴って施工技術も日々変化しています。技術者は新しい工法の技術を身に付けていくことが要求されますが，新しい技術は時の流れとともに定着していき，誰もが備えなければならない基礎技術へと変化していきます。技術を変化させる原動力は，常にアイデアを出して，「創意工夫をして技術の向上に励む」という考え方が必要になると思います。

施工担当技術者は，詳細な施工計画を立案して，ネットワークによる工程計画をもとに工事を進めていく能力が要求されます。工事を進める上では，必ずといってよいぐらいトラブルが発生します。必ず起こるトラブルの発生を事前に予測していれば，トラブルの発生を待っていたかのように設計変更に持ち込み，トラブルを有効に活かすことが可能になります。トラブルの発生までも予測して，幾通りもの計画を検討しておくことは，順調に工事を進める上で必要なことになっています。施工担当技術者は，**トラブルを見込んだ「施工計画の立案と対策の準備」をしておく力量を身に付ける必要があります**。

未来を担う技術者に備えてもらいたい「品質を高めるための施工技術」は，経験値をスキルやノウハウとして継承していけるように記録され，共有される必要があります。スキルやノウハウの継承が確実に実践できれば，未来を担う技術者たちの施工技術を，間違いなく向上させることが可能になると考えています。

1 綿密な打設計画がコールドジョイントをなくす

コンクリート構造物の構築にあたっては，『コンクリート標準示方書

2012年制定 施工編』(以下「示方書」とする)の改訂によって,「適切な施工計画を立案し,施工計画書を作成し,発注者の承認を得なければならない」というコンクリート打設施工計画の立案が義務付けられました。施工計画の検討項目は,コンクリートの運搬・受入れ計画,現場内運搬計画,打込み計画,締固め計画,仕上げ計画,養生計画,打継ぎ計画,鉄筋工の計画,型枠および支保工の計画,環境保全計画,安全衛生計画,その他の12項目に分類されています(**表IV-1**)。コンクリート打設計画書のどの検討項目に関しても施工担当技術者として重要なポイントとなっています。

表IV-1 施工計画の検討項目の例

項　目	内　容
1. コンクリートの運搬・受入れ計画	トラックアジテータ車の配車・運行計画,場内運行路,場内試験・検査場所,コンクリートの配合検査(スランプ,空気量,単位水量,水セメント比)など
2. 現場内運搬計画	現場内運搬方法,コンクリートの供給能力,ポンプ車の予備など
3. 打込み計画	施工体制(組織図),打重ね時間間隔,時間当たり打込み量,安全性など
4. 締固め計画	コンクリートの時間当たりの打込み量に対する振動機の種類・台数,要員数,予備の振動機の準備,交代要員など
5. 仕上げ計画	仕上げ作業者の技量,仕上げ時期の計画,仕上げ精度の計画,仕上げ工事に用いる器具の確認など
6. 養生計画	養生開始時期,養生方法,養生期間の確認,養生機械装置の確認,養生管理責任者の確認など
7. 打継ぎ計画	打継ぎの方法,処理方法,処理機械,打継ぎ時期など
8. 鉄筋工の計画	鉄筋径,ピッチ,被り確保の方法,組立方法,鉄筋の種類,加工方法,鉄筋工従事者の技能等の確認など
9. 型枠および支保工の計画	型枠(側圧)の設計,支保工の設計,型枠材料,支保工材料の確認,型枠設計者,型枠の取外し時期,支保工の取外し時期,側圧管理の方法など
10. 環境保全計画	洗浄水,養生水,取り除いたブリーディング水などの排水,現場周辺の騒音,振動,粉塵,自然環境等への影響確認
11. 安全衛生計画	工事担当者の安全,衛生面の確認など
12. その他	トラブル時の対応方法の確認など

『コンクリート標準示方書 2012年制定 施工編』(公益社団法人 土木学会)

運搬計画ではコンクリート打設をする曜日によって交通渋滞の発生があることや，時間帯による交通渋滞が発生するなど，事前の調査を確実に行っておく必要があります。打設中にコンクリートポンプ車が故障する事態も想定する必要があり，故障した場合の予備として代替コンクリートポンプ車の手配も必要になります。

　打込み計画においては，打重ね時間間隔を遵守するために，時間当たりの打込み量を設定し，無理のない安全な計画とする必要があります。締固め計画では，時間当たりの打込み量から，バイブレーターの種類と台数，配置人数，予備バイブレーターの配置，交代要員を計画します。**そして最も重要なのはコンクリート打設作業を行う人々へ，指導と教育を実施することです**。コンクリート打設作業を行う人々への指導とは，**締固めの手順**（バイブレーターの取扱い，挿入ピッチ，挿入深さなど）**と配置場所での役割**（構造物の被り部分を締固めるのか，中央部分を締固めるのか，ブリーディング水の採取方法など）を確実に伝えることです。

　またコンクリート打設作業を行う人々への教育とは，バイブレーターに

想定外のトラブルはあり得ないぞ！

計画の立案と確実な段取りと教育を実践しよう

コンクリート打設計画書を作成して，そのとおりに段取りをしよう！コンクリート打設作業を行う人々にも締固めの教育を行って，コールドジョイントのない構造物を構築するぞ！

現場代理人　　　　コンクリート打設担当技術者

よるコンクリートの締固め具合を，撮影した**動画や写真**を用いて説明することや，バイブレーターによる締固めができていない場合に**不具合映像**などを示して，出来栄えの良い構造物を構築するための意義を理解してもらうことです。

　仕上げ計画および養生計画は，仕上げ作業者の力量を確認して，仕上げにかかる時間と配置人数の手配も重要となりますし，養生方法の詳細な手順を指導することがポイントとなっています。さらに，考えられるトラブルを想定することで事前に対策を講じておくことができれば，トラブル時に慌てることなく対応が可能と考えられます。「このトラブルは，想定外だった」と言い訳をしないように施工計画の立案を行いましょう。

　確実にコンクリート打設計画書を立案し，そのとおりに段取りができていれば，コールドジョイントが発生することはありません。**「まず計画を立てて，確実に段取りを行う」**ことで，コールドジョイントの発生を防止できるのです。

2　耐久性能を上げるフーチング打設順序

　特に冬期の施工では，フーチングのように大量のコンクリートを打設していると，ブリーディング水が発生します。このブリーディング水は自然と低い箇所に集まります。ブリーディング水を取らずにコンクリートを打設してしまうと，ブリーディング水が閉じ込められ，コンクリートが硬化した後に空洞ができてしまい，重大な欠陥となります。また，角ばった粗骨材（砕石など）を使用しているコンクリートは，一般的に単位水量が多くなり，ブリーディング水が多くなる傾向にあります。特に，冬期の施工では悩ましい問題です。

　そこでブリーディング水を採取する手順と，その処置を確認する責任者を決めておきましょう。例えば，配筋内を通る程度のスポンジを棒にくく

り付けて，鉄筋の配筋の隙間から棒を挿入して，ブリーディング水をスポンジに吸い込ませて，バケツ内に絞り採取するなどの方法があります（**図IV-1**）。

　また，構造物の中央から型枠に向かってコンクリートを打設すると，ブリーディング水は型枠側に流れ込み，被り部分の水セメント比が高くなってしまいます。被り部分の水セメント比が高くなる箇所は弱点となるので，圧縮強度が低くなるばかりでなく，中性化が早まり耐久性の劣る構造物となります。

　打設順序として，1層目は中央から型枠側に向かって打設しますが，2層目以降は型枠側を先行して打設し，ブリーディング水を構造物中央部で処理するようにしましょう。被り部分の締固めに時間をかけることによって，構造物で一番重要な被り部分の耐久性を確保することや，出来栄えの良い仕上がりにすることができるからです。

　受入れ検査を行い管理されたコンクリートが，施工段階で品質を落とし

型枠側にブリーディング水が集まると被り部分の耐久性が問題となる

ブリーディング水を封じ込めると空洞となり欠陥となる

スポンジに吸い込ませたブリーディング水をバケツに採取する

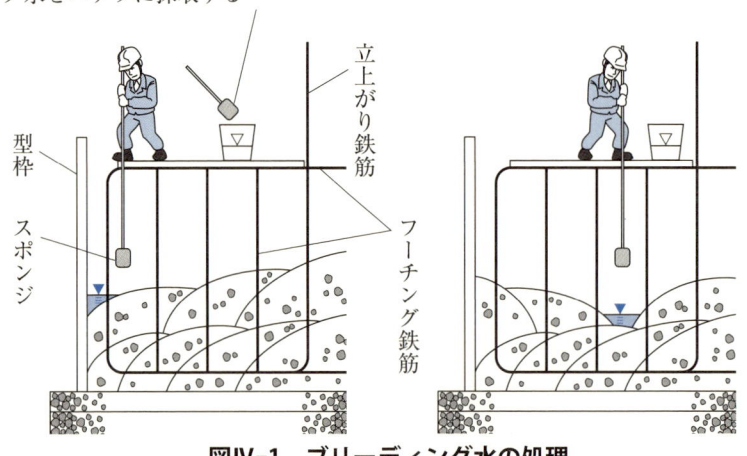

図IV-1　ブリーディング水の処理

たのでは「もったいない」と思います。コンクリート打設施工計画書の中には，詳細な打設順序までは記録されていないので，若年技術者は，耐久性のある構造物の打設順が分からないのではないかと思います。**そこで，コンクリートの打設順序の例として，断面的・平面的に分かるように計画した図面を参照して，耐久性の高い構造物を構築するように心がけましょう。**

3 コンクリートの締固めを考えよう

　コンクリートの締固めは施工者が考える重要事項です。繰返しになりますが，前述した内容の復習を兼ねる意味と，ここから読み始める方のために話を進めていきます。

　フーチングを例にとると，構造物の中央から型枠の方向へコンクリートを打設していくと，ブリーディング水は型枠側へ追いやられることになります。ブリーディング水を型枠の際で回収したとしても，被り部分に水セメント比の高い箇所が出来上がり，その箇所は耐久性の劣るコンクリートとなってしまうことを覚悟しなければなりません。ブリーディング水を型枠側に集めないようなコンクリートの打設順序を考えると，型枠側から構造物の中央に向かってコンクリートを打設していくことになります。被り部分と違い，鉄筋の配筋が粗になっている構造物の中央でブリーディング水を回収すれば，被り部分は健全なコンクリートとなります。この打設順序は**図Ⅳ-2，Ⅳ-3** を参照してください。

　被り部分に着目すると，ここは過密な配筋となっている場合が多いので，鉄筋の内側から締固めを行っても，十分な振動が被り部分に伝わらないことになります。そのために，被り部分にバイブレーターを挿入して，締固めを行う必要があります。先に被り部分のコンクリートが打設されていれば，被り部分を締固める時間が多くとれることになります。

　橋脚のフーチングなど中央に立上がりの鉄筋がある場合には，中央の鉄

ブリーディング水は型枠側へ集まるので，被り部分の水セメント比が高くなってしまう

ブリーディング水は構造物の中央部で処理することで，被り部分は耐久性の高いコンクリートとなる

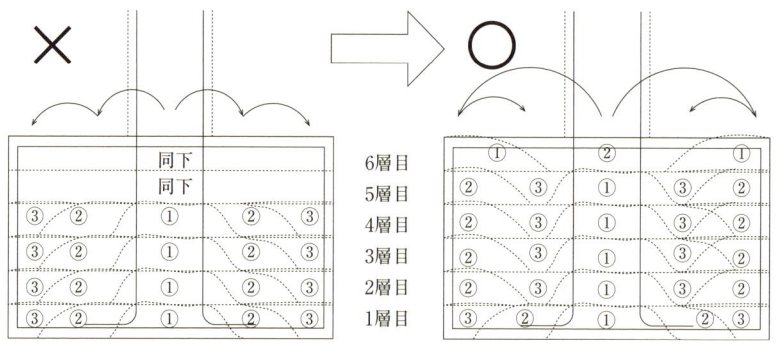

1層目は立上がり鉄筋を移動させないように中心から型枠側に打設する
被り部分の締固めは入念に行い不具合のないよう管理する

図Ⅳ-2　耐久性を向上させるフーチング打設順序断面図

型枠側にブリーディング水が集まってしまう

被り部分を締固める時間がとれる

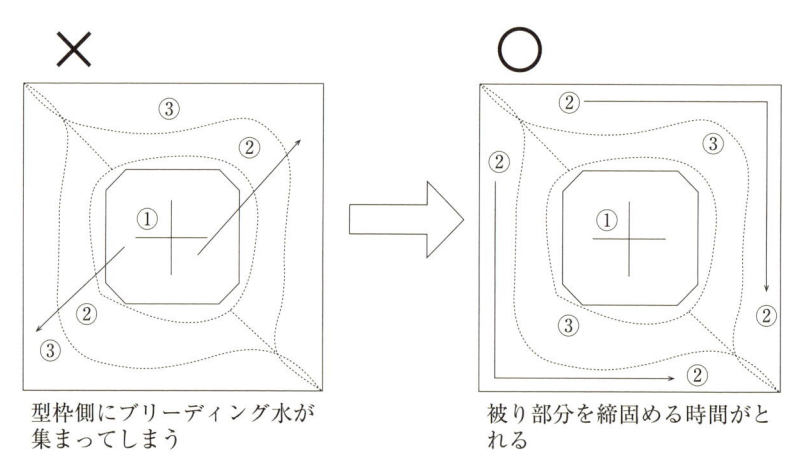

図Ⅳ-3　耐久性を向上させるフーチング打設順序平面図

筋部分を先に打設して，立上がり鉄筋が動かないようにしてから，被り部分となる型枠側から中央に向かって打設する方法で，フーチングのコンクリートを打設しましょう。型枠側からコンクリートを充填することで，被り部分にバイブレーターをかける時間を確保することができますし，ブ

Ⅳ　出来栄えの良い耐久性のある構造物を構築する管理スキル

リーディング水を型枠側に集めない手順となります。

　バイブレーターによって締固められたコンクリートの状態は，バイブレーターを引き抜いた部分の直径10～15 cmは，モルタル分が集まり骨材のない状態となります。バイブレーターによって周囲の骨材がしっかりと締固められた結果として，骨材が移動できずにモルタル分だけが集まる状態となってしまいます。モルタル分が集まった部分の外側は見事に締固められ，骨材が十分に充填された状態となります。

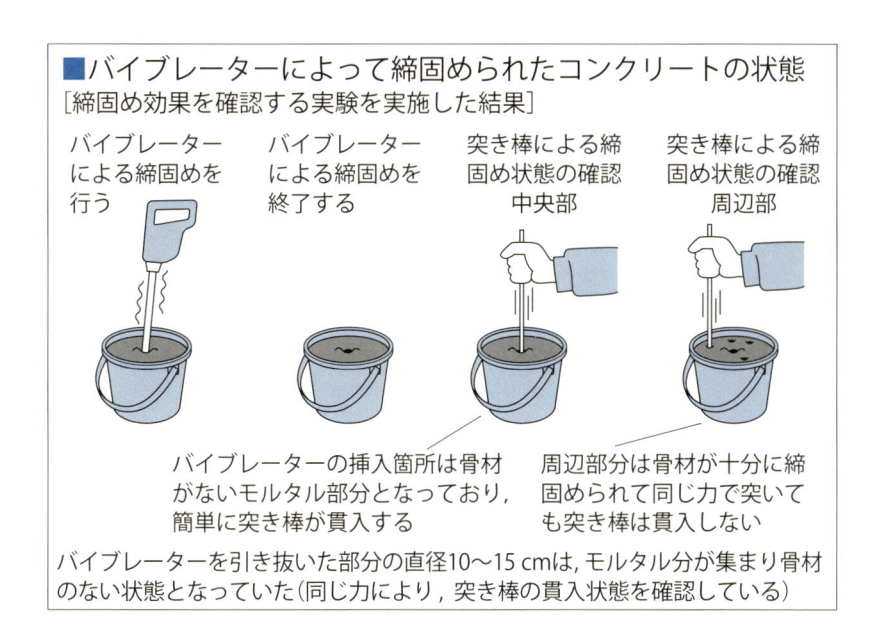

■バイブレーターによって締固められたコンクリートの状態
［締固め効果を確認する実験を実施した結果］

バイブレーターによる締固めを行う

バイブレーターによる締固めを終了する

突き棒による締固め状態の確認　中央部

突き棒による締固め状態の確認　周辺部

バイブレーターの挿入箇所は骨材がないモルタル部分となっており，簡単に突き棒が貫入する

周辺部分は骨材が十分に締固められて同じ力で突いても突き棒は貫入しない

バイブレーターを引き抜いた部分の直径10～15 cmは，モルタル分が集まり骨材のない状態となっていた（同じ力により，突き棒の貫入状態を確認している）

　出来栄えの良い構造物を構築するには，被り部分にバイブレーターを挿入して締固めを行わなければなりません。ジャンカ（豆板）などの欠陥があっては，耐久性や美観に問題が残ります。しかし，被り部分にバイブレーターを挿入した箇所は，骨材のないモルタル分が集まる箇所になっているのです。出来栄えの良い構造物を構築しようと締固めを行っているにもかかわらず，構造物の耐久性を確保するという観点から，骨材のないモルタ

ル部分ができてしまったという矛盾した状態になっているのです。バイブレーターを挿入した箇所が骨材不足となっている場合には，再度，骨材を供給する必要があります。

　この解決策は，以下のとおりとなります。バイブレーターの挿入間隔は，一般的に50 cm程度となっていますが，バイブレーターを移動させる方向を決めて挿入間隔を30 cm程度にします。バイブレーターによって締固められた部分を一定方向に順番に崩しながら進むように締固めを行うのです。こうすることで，先に締固めた30 cm手前の骨材のないモルタル部分に骨材を供給しながら，再締固めをしながら移動すれば，理論上，最後にバイブレーターを挿入した箇所だけ骨材のないモルタル部分が残ることになります。最後の部分は，バイブレーターではなく，昔ながらの突き棒などを使用して骨材を供給して再締固めを行えばよいことになります（図Ⅳ-4）。

　骨材のないモルタル部分が残る最後の部分については，コンクリートを締固める突き棒を製作し，千葉工業大学のコンクリート実験棟をお借りして実験を行いました。竹をイメージした節をつけた突き棒と突起をつけた突き棒を製作して，被り部分の打設に使用してみました。出来栄えの良さとコアを採取して圧縮試験を実施したところ有意差はありませんでした。

　しかし，施工上で大きな違いが発生しました。節をつけた突き棒はコンクリート内で抵抗が大きく，大きな力を必要としました。わずかな範囲を締固めるのに重労働だったことが使用のネックとなりました。突起をつけた突き棒はコンクリート内で抵抗が小さく，作業の効率が上がることが分かりました。出来栄えの良さと圧縮強度に有意差がなかったということで，突起をつけた突き棒で締固めれば，被り部分の全ての箇所について耐久性の高い構造物を構築できると考えています（図Ⅴ-5）。

　このように簡単な改良点を見つけ締固め手順を改良していくことからノウハウを積み上げていけば，施工担当技術者として素晴らしい人生になる

のではないかと思います。施工に対する探求心を持ち，コンクリートの締固めを考え，施工技術の向上を目指していただくことを願っています。

「示方書どおりにコンクリートを打設しているから施工は完璧だ」とか，「出来栄えが良かったから良好な施工だった」などと考えていては，耐久性の高い構造物を構築したとは言えません。

今後，創造していく構造物は出来栄えが良くて当たり前で，なおかつ，耐久性の高い構造物としていかなければなりません。そのためには，品質

バイブレーターの挿入間隔が大きい場合の締固め状況

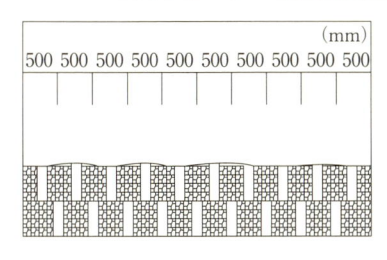

バイブレーターの挿入間隔が大きいと骨材のないモルタル部分が残ってしまう

バイブレーターの挿入間隔を小さくした場合の締固め状況

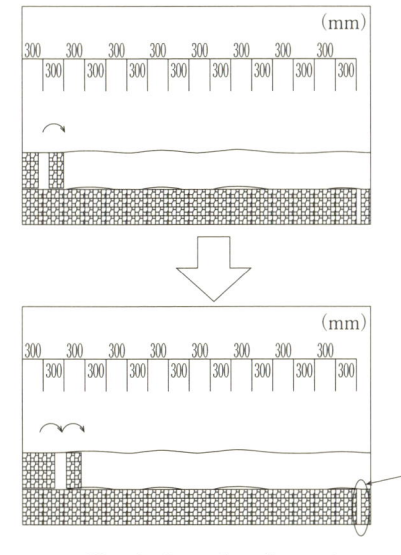

① バイブレーターの挿入間隔を狭くして，一定方向に移動しながら締固めを行う

② 骨材のないモルタル部分を隣接部の締固めのときに，骨材を供給して健全な状態で締固めを行う

③ 最終の締固めた箇所は，昔ながらの突き棒などで締固めて骨材を供給して締固めを行う

④ 最後にバイブレーターを挿入した箇所はモルタル部分が残る

図Ⅳ-4　被り部分のバイブレーターによる締固め手順（フーチングの場合）

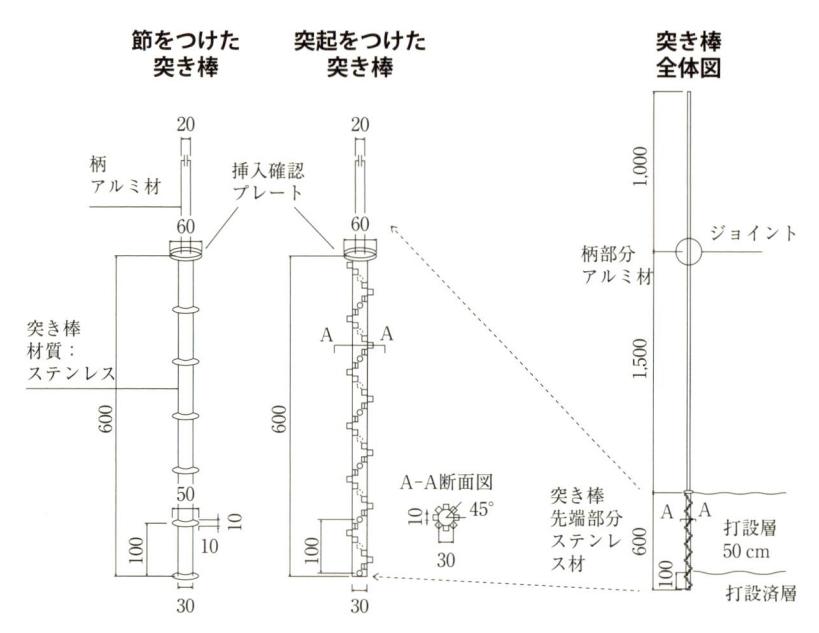

図IV-5　被り部締固め用突き棒

へのこだわりが重要なポイントになってくると考えています。示方書に記載されている施工の規定は，あくまで一般的なものであるということを理解して，常に疑問を持ち，今までの施工の手順に疑義を抱きながら改良していく必要があります。前述したように，バイブレーターの手順を考えても改良点があるのですから，施工上の改善点はたくさんあると考えてください。

　構造物を構築するということは，いろいろなことに気を付けていかなければならないことになります。コンクリートを打設するには，管理する技術者がいるだけでは施工ができません。バイブレーターを操作する人，電気配線を管理する人，被り部分の締固めを担当する人，コンクリートポンプ車を操作する人などが協力し合って行う施工となります。この施工に関係する人々全員が同じベクトルを持って作業に従事する必要があります。コンクリート打設計画書どおりに施工を実践するためには，締固めの重要

性や締固め手順を理解させる必要があります。

　そこで，コンクリート打設作業に従事する人全員に，作業開始前に教育する必要があります。**この教育こそが，出来栄えの良い耐久性に優れた構造物を構築するために必要な手順なのです。**特に，被り部分のコンクリートの締固めにおいては，担当する人を固定し，打設順序，ブリーディング水の処理などを毎回確認して心を一つにし，出来栄えが良く耐久性の高い構造物を構築する管理を実践してください。

4　コンクリートのスランプに着目しよう

　コンクリートの受入れ検査は，『示方書』にスランプ，空気量，温度，塩化物イオン量，圧縮強度用供試体の採取を1回/日と20～150 m^{3}ごとと規定されています。そこで，スランプ値測定，空気量測定，温度測定，塩化物イオン量測定，圧縮強度測定用の供試体の採取を生コン会社に依頼

そうだ！
教育は大切だな

コンクリートの打設に関与する人々全員が同じベクトルを持って作業に従事する必要がある

コンクリート打設作業に従事する人々全員に出来栄えが良く，耐久性のある構造物を構築するための手順を説明しておかなければいけないな！

施工担当技術者

して実施しますが、それらの試験には費用がかかります。

したがって、一般的に施工担当技術者は、各測定について規定の回数以上は行うことはありません。生コン車が現場に到着して、最初の1台目は確認をするものの、2台目以降は生コン会社の出荷オペレーターの腕任せとなっているのが現状だと思います。

では、本当に最初の1台目の受入れ検査だけで、安心してよいのでしょうか。

フレッシュコンクリートで最も管理しなければならないのは、スランプ値です。しかし、全ての生コン車のスランプ値を管理している技術者はいないでしょう。

またどのようにしたら、生コン車の全台数のスランプ値を管理すること

表Ⅳ-2　スランプ値の管理手法

足場の上からでも管理できるスランプ値の判定テクニック
スランプ値を目視で、0.5cm単位で判定できるようになるための手順です。
スランプ値を把握するための手順
① スランプ試験機を用意する
② コンクリート試験実施者と同じスランプ値になるか予備試験を行う
③ 全ての生コン車からサンプリングして、スランプ試験を行う
④ 生コン車からコンクリートポンプ車のホッパーに流れる状況を観察して、スランプ値を記憶する
⑤ 大口のコンクリートを打設する日に合わせて2日間ほど実施する
誰でもコンクリート打設時に生コン車のスランプ試験を行うと、生コン車からコンクリートポンプ車のホッパーに流れる状況で、スランプ値を簡単に判定することができるようになります。

その効果として
① 足場の上からでも、打設中のコンクリートスランプを把握することが可能になる
② 生コン会社は品質確保に真剣になる
③ 現場管理者から作業員まで、スランプ値に興味を持ち管理レベルがアップする
④ 発注者からの信頼を獲得できる
⑤ 発注者とのコミュニケーションが良好になる

などがあげられます。

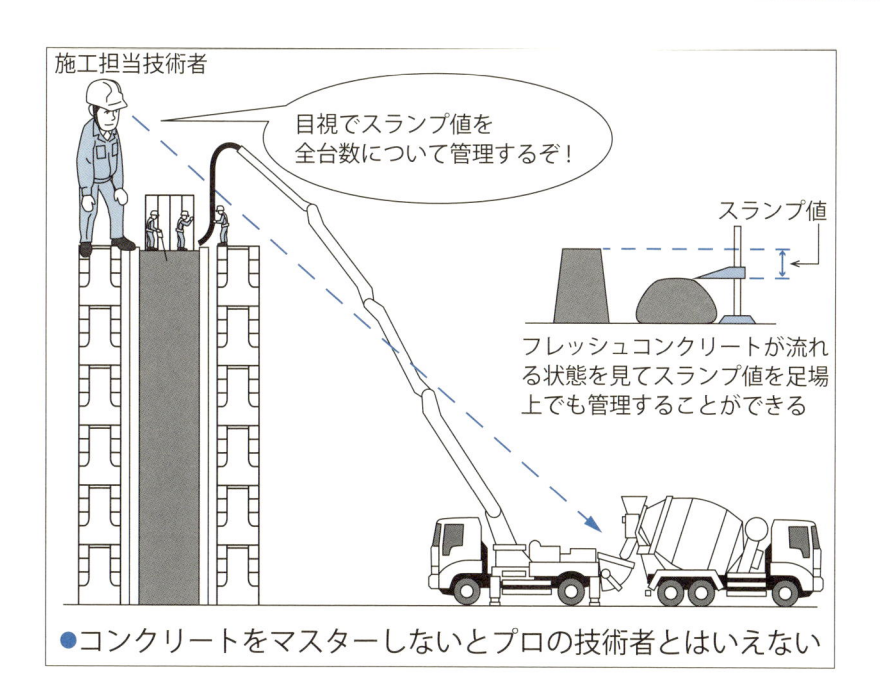

Ⅳ 出来栄えの良い耐久性のある構造物を構築する管理スキル

施工担当技術者

目視でスランプ値を全台数について管理するぞ！

スランプ値

フレッシュコンクリートが流れる状態を見てスランプ値を足場上でも管理することができる

●コンクリートをマスターしないとプロの技術者とはいえない

ができるのでしょうか。

　生コン車からコンクリートポンプ車に流れ落ちるフレッシュコンクリートの状態を観察するとことから始めます。次に，スランプコーンを用意して，見た状態のフレッシュコンクリートを採取して，スランプ値を測定します。この訓練を行うと，流れ落ちる状態とスランプ値が頭の中で関連付けられます（**表Ⅳ-2**）。

　この作業を繰り返し行うと，足場の上からでも打設中のスランプ値を判定できるようになります。自転車の運転と一緒で，一度身に付けた能力は一生ものとなります。自分自身でスランプ値を測定するのですから，費用がかかりません。興味を持つからこそ管理レベルが上がり，自信も生まれるのです。

　このとき，目視したスランプ値を1台目から最後まで野帳に記録しておけば，印字データと比較することができます。

165

また，搬入されたコンクリート全てのスランプ値を把握しているのですから，発注者の信頼を獲得することができます。ぜひ，若年技術者の皆さんに試していただきたいと思っています。

5　朝一番で練るコンクリートで失敗しない

　橋脚柱部のコンクリート打設には，施工担当技術者の気配りが必要です。橋脚の柱部の断面は，打設面積が小さい場合がほとんどです。例えば，角柱形状で縦2mと横2mであれば，面積が4m^2になります。コンクリートの打設厚さを50cmとすれば，2m^3のコンクリート量で1層の打設が完了してしまいます。この打設にかかる時間は5〜10分程度です。この1層を打設する時間の短縮が問題となるのです。考えられる懸念事項を列挙してみましょう。

① コンクリート打設計画書に記載した時間当たり打設高さを守れるか
② バイブレーターによる締固めを確実に行い，バイブレーターのかけ忘れた箇所がないか
③ 計画した1層の打設高さを確実に順守しているか
④ ブリーディング水を型枠側に流していないか

などが考えられます。

　打継ぎ目は，施工上の不具合が発生する確率が特に高くなります。特に，1層目においては，コンクリートポンプ車の筒先から最初に出てくる骨材が型枠側に集まってしまうことがあります。そうなるとジャンカ（豆板）という不具合が発生します。

　コンクリートの受入れ検査は，国土交通省の品質管理基準では，最初の1台目の生コン車からコンクリートを採取して，スランプ測定・空気量測定・コンクリート温度測定を行うことになっています。さらにコンクリートの圧縮試験用テストピース6本を採取し，構造物の重要度と工事の規模

に応じて 20 〜 150 m^3 ごとに 1 回採取します。

　一方，生コン会社は特に 1 台目の品質に気を遣います。販売時には品質を保証しているので，受入れ検査が行われる生コン車は間違いのないコンクリートを出荷しようとします。したがって，スランプ値を上限で練るように要望を出しても，生コン会社は朝一番で練るコンクリートは受入れ検査の品質管理をクリアするために，基準値を守り確実に強度を確保するように出荷します。生コン会社も企業なので，通常はリスクを避け，慎重に対応しています。

　コンクリートの打設開始時は，受入れ検査や立会い検査などで何かと忙しいので，施工管理が疎かになりがちです。そんなときに限って，コンクリート打設を作業員に任せきりにして，型枠を外したときに後悔することになるのです。

　施工担当技術者としては，径の太い鉄筋（異形棒鋼）が 2 重の配列となっている柱部の打設などでは，特に気を遣っているはずです。仮に，前の日に被り部分までコンクリートがスムーズに充填できるように，生コン会社にスランプ値を規格内の上限で練るように要求したとします。しかし実際には，1 台目の生コン車に積まれてきたコンクリートは，要望どおりのコンクリートではありませんでした。そのとき，受入れ検査に立ち会っていたとしましょう。スランプ値が上限ではなく，下限となっていることにびっくりして，不具合が発生するかもしれないと思い，生コンプラントと連絡を取り始めます。受入れ検査では規格内だったので，そのコンクリートを返納することはできません。したがって，納入されたコンクリートはそのまま打設することになります。それまで，コンクリート打設を待たせていましたが，コンクリートポンプ車のオペレーターから打設を開始させてほしいとの提案を受け，やむなく了承して打設作業が開始となってしまったら，場合によっては，打継ぎ目に不具合が発生することを覚悟しなければなりません。

施工担当技術者がスランプ値上限で練るように再確認をしている間に，コンクリートポンプ車のオペレーターが，コンクリートを自らのペースで型枠内に流し込みます。コンクリート打設作業を入念に打ち合わせていたにもかかわらず，作業員は続々と搬入されるコンクリートの処理に追われ，十分に管理されていない状態で作業だけが進んでしまいます。こんなことにならないように，事前の打合せが重要になってくるのです。たとえスランプ値が規格値内の下限で納品されたとしても，次の作業手順を確実にこなすことで，不具合の発生は予防できます。

　その作業手順とは，打継ぎ目の最初の1層目のコンクリート打設を確実に行うことなのです。そのためには打継ぎ目の1層目のコンクリートは，打上げ厚さを50 cmのところ30 cmにしてください。全体にコンクリートを30 cm打設したら，コンクリートポンプ車によるコンクリートの圧送を一時中断します。この中断している間に打設箇所全体にまんべんなく

表Ⅳ-3　コンクリート打設上の注意

構造物打継ぎ部の出来栄えを向上させるために，朝一番でコンクリート打設をするときの注意事項
過密配筋となっている橋脚の柱部や擁壁の壁部用に狭い箇所などにコンクリートを打設するときには，以下の注意が必要である。 ① 最初のポンプ筒先位置は，せき板側にせず，中央にセットする → （モルタル分が抜けた骨材が先行して送られるので，骨材がせき板に集まらないようにする） ② 1層目の打設高さを50 cmではなく，30 cmにする → （硬いコンクリートはゆっくり打設すること → 「示方書のとおり」が正解と思い込まない） ③ 1層目の30 cmを打設したら，コンクリート打設を止める → （朝一番のコンクリートは硬いので，1層目の締固めが肝心） 　人任せにして打設するとバイブレーターをかけ忘れる箇所が出る ④ 被り部分に注目し，バイブレーターのかけ忘れがないようにする → （打設責任者は，作業員に的確に指示をして，かけ忘れのないことを確認する） ⑤ もし，せき板部分に骨材が集中している箇所があれば骨材を取り，モルタル分のあるコンクリートと入れ替えてバイブレーターをかける → （打設責任者の観察力が，出来栄えの良いコンクリートを造る）

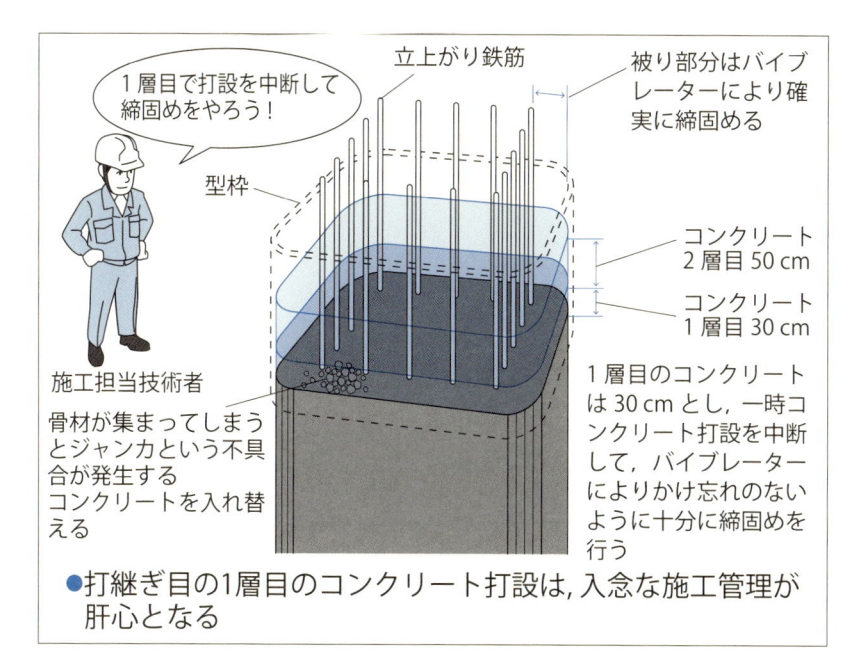

Ⅳ 出来栄えの良い耐久性のある構造物を構築する管理スキル

「1層目で打設を中断して締固めをやろう！」

立上がり鉄筋

被り部分はバイブレーターにより確実に締固める

型枠

コンクリート2層目 50 cm
コンクリート1層目 30 cm

施工担当技術者

骨材が集まってしまうとジャンカという不具合が発生するコンクリートを入れ替える

1層目のコンクリートは 30 cm とし，一時コンクリート打設を中断して，バイブレーターによりかけ忘れのないように十分に締固めを行う

● 打継ぎ目の1層目のコンクリート打設は，入念な施工管理が肝心となる

締固めを行います。コンクリートポンプ車のオペレーターに任せているとすぐに2層目を打設しはじめますので，事前の打合せで確認をしておきましょう。コンクリート打設を中断すれば，バイブレーターをかける人に余裕が生まれ，バイブレーターのかけ忘れがないかをよく確認してもらえるようになります（**表Ⅳ-3**）。

施工担当技術者は，このときに一緒になって，不具合がないかを確認しましょう。**ジャンカ（豆板）のできる確率が高いのは打継ぎ目箇所です。そのため1層目のコンクリート打設に気を遣って，不具合が発生しないように管理をすれば，不具合の 80％ はクリアできる**と記憶しておいてください。

生コン会社が1台目に気を遣っているのに，施工担当技術者が1台目に何もしないわけにはいきません。朝一番のコンクリートは，硬めがくると思ってあらかじめ打設手順を決めて，コンクリート打設する人々全員に，教育と周知徹底しておくことが重要な管理スキルとなります。

6 打継ぎ目に注目しよう

『示方書』には，コンクリートの打継ぎ目に関する重要な内容が記載されています。特に，配慮しなければならない項目を列挙します。

① 打継ぎ目はせん断力の小さい位置に設け，圧縮力と直角方向にする
② 海洋港湾構造物には，満潮位から上 60 cm と干潮位から下 60 cm の干満部分は避け，打継ぎ目は設けないように計画する
③ 水平打継ぎ目は，水平な直線になるように，型枠パネルの継ぎ目にあわせ打継ぎ目の位置を示す目印をつける
④ コンクリート表面レイタンス，品質の悪いコンクリート，ゆるんだ骨材を取り除き，十分に吸水させる（グルコン酸ナトリウムなどを

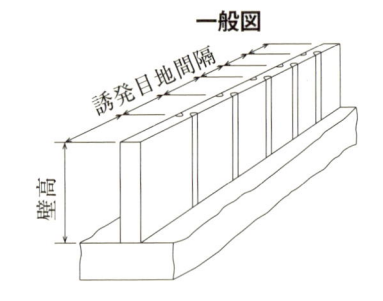

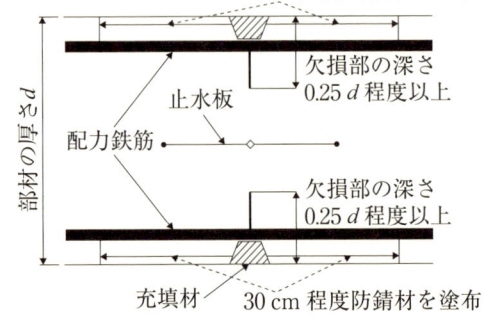

『コンクリート標準示方書 2012年制定 施工編』（公益社団法人 土木学会）

図IV-6　ひび割れ誘発目地の例

主成分とした遅延剤を散布して，硬化を計画的に遅らせる打継ぎ目処理剤を使用する）

⑤ 逆打ちコンクリートは，コンクリートのブリーディングや沈下を考慮して，ブリーディング水ができるだけ少ない配合のコンクリートを採用する

⑥ ひび割れ誘発目地は，断面欠損部の溝を台形とし，断面欠損率を50％程度以上とする。また，断面欠損部の左右30cm程度には，鉄筋の腐食防止のため，防錆材を塗布しておく。さらに，所定の被りを保持する対策を実施し，溝状欠損分はシーリング材や樹脂モルタルを充填する（**図Ⅳ-6**）

以上が一般的な施工で検討しなければならない項目です。

打継ぎ目は構造物の強度，耐久性，外観に影響するので，施工においては配慮が必要です。打継ぎ目の位置は，施工が可能で構造物の強度を損なわないような場所を特定して，施工計画書に明記する必要があります。しかし，打継ぎ目は，完全に一体にならない弱点であることを忘れてはいけ

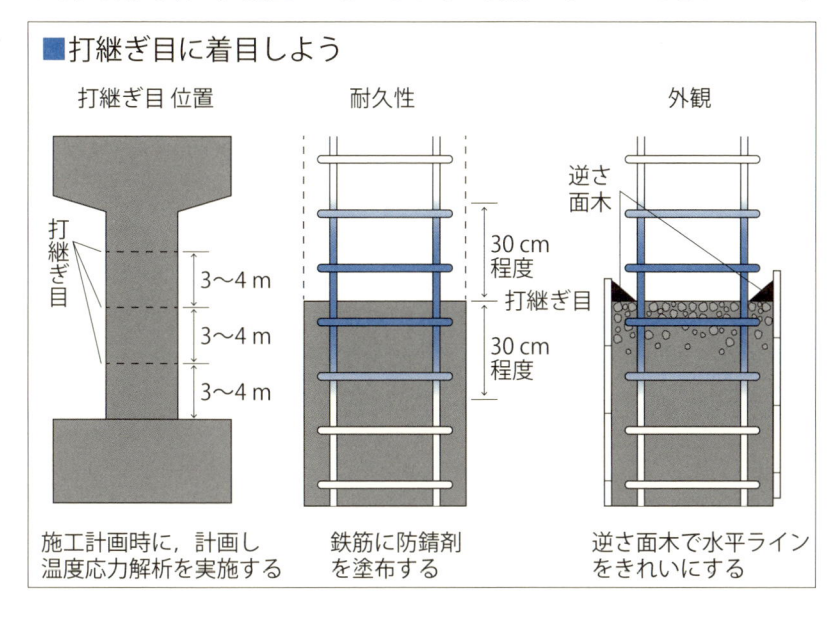

■打継ぎ目に着目しよう

打継ぎ目位置	耐久性	外観
打継ぎ目 3〜4m / 3〜4m / 3〜4m	30cm程度／打継ぎ目／30cm程度／鉄筋に防錆剤を塗布する	逆さ面木／逆さ面木で水平ラインをきれいにする
施工計画時に，計画し温度応力解析を実施する		

ません。

　そこで打継ぎ目の鉄筋に着目してみましょう。施工計画において打継ぎ目位置を決定した際に，温度応力解析を実施してひび割れ発生の状態を判定しておくことが必要です。計画した打継ぎ目位置をもとに，配筋した鉄筋に打継ぎ目位置を明示しましょう。打継ぎ目の位置の上下 30 cm 程度に配筋した鉄筋に防錆剤を塗布して，塩分の侵入や中性化の進行に抵抗させる対策を実施しましょう。防錆剤は，コンクリートの断面修復工に用いられる塗布剤（ガード 21 など）を使用すれば，耐久性の確保も可能と考えられます。

　最後に外観ですが，確実な方法として逆さ面木を設置して，きれいな水平なラインとしましょう。コンクリートの打設高さの目安になることも利点です。

　新たに構築する構造物は，維持管理を考え合わせれば，打継ぎ目を補修箇所として，施工方法を考えることが耐久性を向上させる管理スキルとなります。

7　鉄筋配筋における確認事項を忘れない

（1）『コンクリート標準示方書　施工編』の記載事項は必ず確認する

　『示方書』には，鉄筋の組立に関する重要な内容が記載されています。特に，配慮しなければならない項目を記述します。

① 鉄筋組立の人員計画は，鉄筋施工技能士，日本圧接協会または日本溶接協会が認定した技能資格者，あるいは資格者と同等以上の技能と知識と経験を有する者を配置することが望ましい

② 複雑な配筋の場合には，3 次元 CAD を利用したり，模擬試験体で鉄筋の組立状況を確認したり，設計どおりに鉄筋を配置することが

困難な場合は，発注者と協議する
③ 打込みおよび締固め作業を行うために必要な空間を確保できることを確認し，鉄筋が過密に配筋されバイブレーターで締固めが困難な場合は，発注者と協議し配筋の変更，高流動コンクリートの使用などを検討する
④ 曲げ加工した鉄筋の曲げ戻しは原則行わない
⑤ 必要に応じ組立用鋼材を用い，鉄筋の交点の要所は，直径 0.8 mm 以上の焼きなまし鉄線または適切なクリップで結束し，使用した焼きなまし鉄線またはクリップは被り内に残さず，焼きなまし鉄線は鉄筋の内側に押し曲げておく
⑥ 鉄筋の被りを正しく保つために，床板などで 1 m² 当たり 4 個以上，ウェブ，壁および柱で 1 m² 当たり 2～4 個程度，スペーサーを配置する。床板などのスペーサー間隔は，鉄筋のたわみが局所的に大きくならないように 50 cm 間隔の千鳥で配置する。スペーサーの配置位置は，施工図面に記入する（図Ⅳ-7）

以上が一般的な施工で配慮しなければならない項目です。

特に，スペーサーの配置にはスペーサー配置例が示されて，配置間隔が

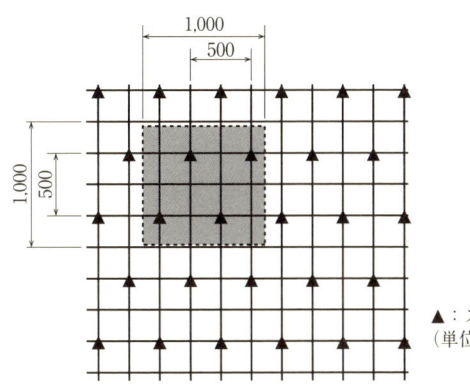

『コンクリート標準示方書 2012年制定 施工編』（公益社団法人 土木学会）

図Ⅳ-7　スペーサーの配置例

指定され，施工図に記載の上，施工計画へ反映させることが必要となります。

（2）配筋が不可能な箇所は事前に協議する

　一般的な構造物では，場所打ち杭の主鉄筋とフーチングの主鉄筋がぶつかり合って配筋できない状態はよくあることです。特に，深礎杭の主鉄筋とフーチングの主鉄筋，設計図面どおりに配置することは不可能と言ってよいでしょう。深礎杭は太い鉄筋で設計されており，鉄筋（異形棒鋼D51）を2重に配列するような場合は，フーチングの主鉄筋の入る隙間はありません。

　そのことに気付くのは，深礎杭の施工が終わり，均しコンクリートを打設し，フーチングの測量を実施して，「やれやれ測量ミスなく，構造物を構築できそうだな」と思いながら，墨打ちを完了した後の鉄筋組立に取り掛かったときです。ここで問題が発覚すると，工事の進捗が約1カ月は止まります。杭の主筋は動かず，フーチングの主筋を入れるためには，主筋の配置間隔を大きくずらし，中には主筋を切断して補強しなければならない状態になります。発注者と対策工についてやり取りを行い，検討書の作成や技術的な所見が求められます。

　しかしこれは，事前にCADにより鉄筋の配置が不可能であることを示し，対策工を事前に打合せしておくことにより回避することができます。結論は，「一定の長さの中に，設計どおりの鉄筋の本数が存在すればよいでしょう」ということになります。そうであれば，施工開始前に鉄筋配置計画を作成して，承認をとっていれば，工事がストップすることはありません。**出来栄えとして現れないところにも気を遣いながら，構造物に対するこだわりを持てるようになれば，より高いレベルの技術スキルが定着していくことでしょう。**

　また，場所打ち杭の主筋が2重配列になっている場合も発生しますので

（3）鉄筋を注文するときは，食込み重量を設計重量の2％以下にする

　製鉄会社が鋼材を製造する技術には素晴らしいものがあります。鋼板などの厚さの管理は，許容範囲内のマイナス下限値を目標にして製造する技術力があります。鉄筋（異形棒鋼）も直径や重量の管理についてもマイナス管理されています。実際には，公称径を真剣に測定してはいませんが，刻印などで鋼種とサイズは確認することができます（表Ⅳ-4）。

表Ⅳ-4　製鉄会社が製作する鉄筋の長さに対する重量表（kg）

長さ(m) 呼び名	3.5	4.0	4.5	5.0	5.5	6.0	6.5	7.0	7.5
D16	5.46	6.24	7.02	7.80	8.58	9.36	10.1	10.9	11.7
D19	7.88	9.00	10.1	11.2	12.4	13.5	14.6	15.8	16.9
D22	10.6	12.2	13.7	15.2	16.7	18.2	19.8	21.3	22.8
D25	13.9	15.9	17.9	19.9	21.9	23.9	25.9	27.9	29.8
D29	17.6	20.2	22.7	25.2	27.7	30.2	32.8	35.3	37.8
D32	21.8	24.9	28.0	31.2	34.3	37.4	40.5	43.6	46.7
D35	26.3	30.0	33.8	37.6	41.3	45.1	48.8	52.6	56.3
D38	31.3	35.8	40.3	44.8	49.2	53.7	58.2	62.6	67.1
D41	36.8	42.0	47.2	52.5	57.8	63.0	68.2	73.5	78.8
D51	55.6	63.6	71.6	79.5	87.4	95.4	103.0	111.0	119.0

長さ(m) 呼び名	8.0	8.5	9.0	9.5	10.0	10.5	11.0	11.5	12.0
D16	12.5	13.3	14.0	14.8	15.6	16.4	17.2	17.9	18.7
D19	18.0	19.1	20.2	21.4	22.5	23.6	24.8	25.9	27.0
D22	24.3	25.8	27.4	28.9	30.4	31.9	33.4	35.0	36.5
D25	31.8	33.8	35.8	37.8	39.8	41.8	43.8	45.8	47.8
D29	40.3	42.8	45.4	47.9	50.4	52.9	55.4	58.0	60.5
D32	49.8	53.0	56.1	59.2	62.3	65.4	68.5	71.6	74.8
D35	60.1	63.8	67.6	71.3	75.1	78.9	82.6	86.4	90.1
D38	71.6	76.1	80.6	85.0	89.5	94.0	98.4	103.0	107.0
D41	84.0	89.2	94.5	99.8	105	110	116	121	126
D51	127.0	135.0	143.0	151.0	159.0	167.0	175.0	183.0	191.0

『建設用資材ハンドブック2014年8月改訂版』417頁（新日鐵住金株式会社）

鉄筋を注文する場合，製鉄会社が製作する鉄筋の長さは，3.5〜12.0 m まで 50 cm ピッチとなっており，JIS で規格化された重量を確保しています。したがって，設計図書に記載された設計鉄筋長を確保できる長さの鉄筋を注文しなければなりません。

　したがって実際には，設計図書に記載された設計鉄筋長よりも長い鉄筋を注文することになるので，注文した鉄筋の重量は食い込んでしまうことになります。

　さて，納入された鉄筋の長さを計測してみると注文した長さより 2〜3 cm 長いことが分かります。直径や重量はマイナス管理を行っていますが，長さに関してはプラス管理で納入されてきます。そこで，この事実を利用しない手はありません。以下に食込み重量を最小限に抑える「鉄筋注文テクニック」を紹介します。

① テクニック 1（2〜3 cm 長いことを利用して）

　仮に設計鉄筋長が 6.020 m であれば，一般的に注文長は，短い鉄筋を使用できないので，6.500 m とします。このとき，食込み率は，約 8% になってしまいます。しかし，納入される鉄筋が 2〜3 cm 長いことを知っていれば，6.000 m で注文することができます。食込み率は，約 −0.3% となります。したがって，食込み重量が発生しません。

② テクニック 2（倍尺注文によって食込みを減らす）

　設計鉄筋長 3.250 m であれば，そのままの長さを考慮せずに注文するとすれば注文長は，設計鉄筋長より短い鉄筋を使用できないので，3.500 m となります。このとき，食込み率は，約 8% になってしまいます。このとき，倍尺で注文すると，3.250 m × 2 倍 = 6.500 m となりますので，6.500 m で注文すればよいので食込み重量はありません。

③ テクニック 3（3 倍尺注文によって食込みを減らす）

　設計鉄筋長 2.170 m であれば，そのままの長さを考慮せずに注文するとすれば注文長は，設計鉄筋長より短い鉄筋を使用できないので，

3.500 m となります。このとき，食込み率は，約 61％ になってしまいます。このとき，3 倍尺で注文すると，2.170 m × 3 倍＝ 6.510 m となります。納入される鉄筋は 2 〜 3 cm 長いので，6.500 m で注文すればよいので食込み重量はありません。

④ テクニック 4（平均長さは最長と最短の長さの合計で注文する）

　設計鉄筋長が変化する構造物（ボックスカルバートのウィング部の鉄筋など）については，最長の設計鉄筋長と最短の設計鉄筋長を合計した鉄筋長を計算し，設計本数の 1/2 の数量を注文します。

　設計鉄筋長が平均長で 4.760 m（例えば，3.070 〜 6.450 m）であれば，そのままの長さで注文してしまうと 4.760 m 以上の長さの鉄筋を加工することができません。したがって平均長となる設計鉄筋長の注文には，4.760 m × 2 倍＝ 9.520 m となります。ここでも納入される鉄筋は 2 〜 3 cm 長いので，9.500 m で注文すればよいので食込み重量はありません。

　以上からテクニック①〜④までの鉄筋を注文する長さと本数について，一般的な方法による注文と，食込みを少なくするように考えた注文の比較をしてみます。

　鉄筋を注文する際には，このようなテクニックを使うと食込み率を 2％ 以下にすることが可能になります。ちょっとした気遣いで材料を効率よく注文することができれば，現場の原価管理に還元できることになるのです。

　ここで注意してもらいたいことがあります。D13 以下については，注文長を 9 m 以下としてください。できれば 7 〜 8 m 程度がよいと思います。細もの鉄筋は長くなると手で持ち上げたとき，弾性変形によって，ダレてしまい加工時や組立時に厄介になりますので，細ものの鉄筋はくれぐれも長さに注意が必要です。

　一般的な方法で設計長に見合う長さで注文した場合は，17.9％ の食込み率となりますが，鉄筋注文テクニック①〜④を考慮して注文すると，食

込み率はほぼ0％にすることができます（**表Ⅳ-5，Ⅳ-6**）。

次にもう少し鉄筋の注文に関して考えてみましょう。**表Ⅳ-7**を見ながら，本文を読み進めてください。

下記の表で示した設計長と設計本数に対して，注文長と注文本数が2種ある例です。ここで注文する鉄筋長と本数の関係を見てみましょう。

鉄筋名TC-5において，設計長2.150mを3倍尺で注文長を考えると，

表Ⅳ-5　一般的な方法で設計鉄筋長に見合う注文長と注文本数の例

登録番号　No.00　　　　　　　　　　　　　　　　　　　　　　　No.00
鉄筋注文表　　一般的な例

No.	鉄筋名	鉄筋径	設計長(m)	設計本数(本)	設計重量(kg)	注文長(m)	注文本数(本)	注文重量(kg)
1)	TC-1	D25	6.020	56	1,344	6.50	56	1,450
2)	TC-2	D16	3.250	96	487	3.50	96	524
3)	TC-3	D16	2.170	153	519	3.50	153	835
4)	TC-4	D19	4.760	28	300	5.00	28	314

（小計）2,650　　　　　　　　　　　（小計）3,123
食込み率：$(3,124 - 2,650) \div 2,650 \fallingdotseq 0.179$　　17.9％

鉄筋径別　設計重量（kg）
D10 ＝ 　　0　　D13 ＝ 0　　D16 ＝ 1,006　　D19 ＝ 300　　D22 ＝ 0
D25 ＝ 1,344　　D29 ＝ 0　　D32 ＝ 　　0　　D35 ＝ 　0　　D38 ＝ 0
D41 ＝ 　　0　　D51 ＝ 0

表Ⅳ-6　食込みを少なくするように考えた注文長と注文本数の例

登録番号　No.00　　　　　　　　　　　　　　　　　　　　　　　No.00
鉄筋注文表　　食込みを考えた注文に変更

No.	鉄筋名	鉄筋径	設計長(m)	設計本数(本)	設計重量(kg)	注文長(m)	注文本数(本)	注文重量(kg)
1)	TC-1	D25	6.020	56	1,344	6.00	56	1,338
2)	TC-2	D16	3.250	96	487	6.50	48	485
3)	TC-3	D16	2.170	153	519	6.50	51	515
4)	TC-4	D19	4.760	28	300	9.50	14	300

（小計）2,650　　　　　　　　　　　（小計）2,638
食込み率：$(2,638 - 2,650) \div 2,650 \fallingdotseq -0.0045$　　−0.4％

鉄筋径別　設計重量（kg）
D10 ＝ 　　0　　D13 ＝ 0　　D16 ＝ 1,006　　D19 ＝ 300　　D22 ＝ 0
D25 ＝ 1,344　　D29 ＝ 0　　D32 ＝ 　　0　　D35 ＝ 000　　D38 ＝ 0
D41 ＝ 　　0　　D51 ＝ 0

2.150 m × 3 = 6.450 m となり，注文長は 6.500 m となります。3 倍尺なので，274 本 ÷ 3 = 91.3 本となります。ここで 91 本 × 3 = 273 本となりますが，設計本数は 274 本なので，274 本 − 273 本 = 1 本足りません。したがって 2.150 m を 1 本注文するには，最短長さである 3.500 m の鉄筋を 1 本注文します。そうすることで，食込み率を低く抑えることができます。

鉄筋名 TC-6 において，同じ設計長 2.150 m を 3 倍尺で注文長を考えると，2.150 m × 3 = 6.450 m となり，注文長は 6.500 m となります。3 倍尺なので，275 本 ÷ 3 = 91.7 本となります。ここで 91 本 × 3 = 273 本となりますが，設計本数は 275 本なので，275 本 − 273 本 = 2 で 2 本足りません。したがって 2.150 m を 2 本注文するには，2.150 m × 2 倍 = 4.300 m となるので，4.500 m の鉄筋を 1 本注文すればよいことになります。注文残が 2 本あれば，倍尺にして考えれば，さらに食込み率を低く抑えることができます。

鉄筋名 TC-7 と TC-8 においては勾配のある構造物で，設計長が平均長となっているときは倍尺で注文長を考えて，設計本数が 2 で割り切れない場合においては，設計平均長以上の鉄筋を 1 本追加して注文することになります。設計平均長とは，一番短い長さと一番長い長さを組み合わせて

表Ⅳ-7　注文長と注文本数が 2 種ある例

登録番号　No.00　　　　　　　　　　　　　　　　　　　　　　　　　　No.00
鉄筋注文表

No.	鉄筋名	鉄筋径	設計長(m)	設計本数(本)	設計重量(kg)	注文長(m)	注文本数(本)	注文重量(kg)
1)	TC-5	D16	2.150	274	918	6.50 3.50	91 1	919 5
2)	TC-6	D16	2.150	275	921	6.50 4.50	91 1	919 7
3)	TC-7	D16	4.230	85	561	8.50 4.50	42 1	559 7
4)	TC-8	D16	5.165	65	524	10.50 5.50	32 1	525 9

切断します。したがって2で割り切れない場合には，倍尺して注文する長さのちょうど中間となるので，設計平均長以上の長さの鉄筋を注文しておけばよいことになるのです。

　この鉄筋注文テクニックを使って，食込み率を2%以下にして，節約を心がけてください。

（4）鉄筋の鋼種とサイズと員数を確認する

　構造物を構築するために使用する鉄筋については，カタログに公称直径が記載されていますが，直径の管理をしようとしても明確にできません。さらに，注文した鋼種（例えば，SD 295 A，SD 345 など）が納入されているのかを確認する必要があります。

　ここで鉄筋を注文した製鉄会社のカタログを見てみましょう。カタログには，鋼種とサイズの刻印が記されています。したがって，納入された鉄筋が，注文した鋼種のサイズ径であることを確認できます。また，束ねられた鉄筋にくくられているラベルには，鋼種とサイズと員数が記載されています。鉄筋をロールにかけて注文した場合には，ラベルの員数が正確に束ねられています（それでも員数の確認は必要です）。しかし，在庫として倉庫に眠っていた鉄筋については，束ねられたロットから，ほかへ転用している場合があるので，必ず員数を数えて本数どおりに納入されているのかを確認してください。

　各製鉄会社は，生産した鉄筋に刻印を明示しています。各社の刻印は，それぞれの特徴があります（**図Ⅳ-8**）。

　ここに挙げた製鉄会社以外にも多くの会社がありますので，各社の刻印の仕様をカタログで確認しておきましょう。搬入された鉄筋の刻印の形状とサイズを受入れ時にチェックしておけば，鋼種の違いやサイズの違いを発見できるので，搬入時の確認を怠らないようにしましょう。

　束ねられた鉄筋にくくられているラベルは，現場管理における品質の証

Ⅳ 出来栄えの良い耐久性のある構造物を構築する管理スキル

●異形棒鋼（鉄筋）

DACON　新日鐵住金（株）

形状

SD295B（DACON295B）　Ba片面に□を1つ
SD345（DACON345）　Ba両面に◎を1つ
SD390（DACON390）　Ba両面に◎を連続して2つ

寸法表

呼び名	単位質量(kg/m)	公称直径(mm)	公称断面積(cm²)	公称周長(cm)	ふしの平均間隔の最大値(mm)	ふしの高さ 最小値(mm)	ふしの高さ 最大値(mm)	ふしの隙間の和の最大値(mm)
D19	2.25	19.1	2.865	6.0	13.4	1.0	2.0	15.0
D22	3.04	22.2	3.871	7.0	15.5	1.1	2.2	17.5
D25	3.98	25.4	5.067	8.0	17.8	1.3	2.6	20.0
D29	5.04	28.6	6.424	9.0	20.0	1.4	2.8	22.5
D32	6.23	31.8	7.942	10.0	22.3	1.6	3.2	25.0
D35	7.51	34.9	9.566	11.0	24.4	1.7	3.4	27.5
D38	8.95	38.1	11.40	12.0	26.7	1.9	3.8	30.0
D41	10.5	41.3	13.40	13.0	28.9	2.1	4.2	32.5
D51	15.9	50.8	20.27	16.0	35.6	2.5	5.0	40.0

形状

・D13～D16は斜めぶしタイプとなる

寸法表

呼び名	単位質量(kg/m)	公称直径(mm)	公称断面積(cm²)	公称周長(cm)	ふしの平均間隔の最大値(mm)	ふしの高さ 最小値(mm)	ふしの高さ 最大値(mm)	ふしの隙間の和の最大値(mm)
D10	0.560	9.53	0.7133	3.0	6.7	0.4	0.8	7.5
D13	0.995	12.7	1.267	4.0	8.9	0.5	1.0	10.0
D16	1.56	15.9	1.986	5.0	11.1	0.7	1.4	12.5

ご注意とお願い

　本資料に記載された技術情報は，製品の代表的な特性や性能を説明するものであり，「規格」の規定事項として明記したもの以外は，保証を意味するものではありません。本資料に記載されている情報の誤った使用または不適切な使用等によって生じた損害につきましては，責任を負いかねますので，ご了承ください。また，これらの情報は，今後予告なしに変更される場合がありますので，最新の情報については，新日鐵住金（株）（以下，当社）にお問い合わせ下さい。本資料に記載された内容の無断転載や複写はご遠慮ください。本資料に記載された製品または役務の名称は，当社の商標または登録商標，あるいは当社が使用を許諾された第三者の商標または登録商標です。その他の製品または役務の名称は，それぞれ保有者の商標または登録商標です。

図Ⅳ-8　異形棒鋼（鉄筋）の各種仕様①

181

OH BAR　合同製鐵（株）

種類マークなし‥SD295A
　　　　　●‥SD345　　●●‥SD390　　●●●‥SD490
マーク左側にサイズを表示
例）25‥D25

TOUGH-CON　共英製鋼（株）

鋼種マーク／ロールマーク／サイズ表示

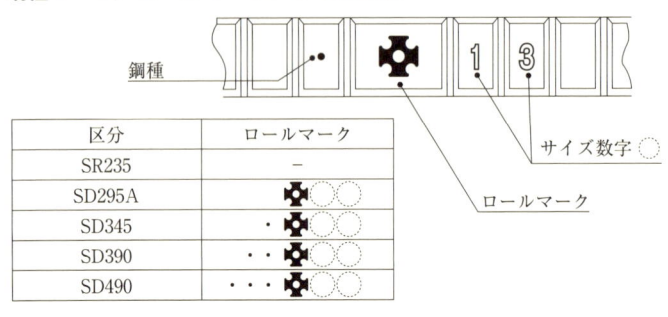

区分	ロールマーク
SR235	－
SD295A	✦
SD345	・✦
SD390	・・✦
SD490	・・・✦

寸法・単位質量および断面図

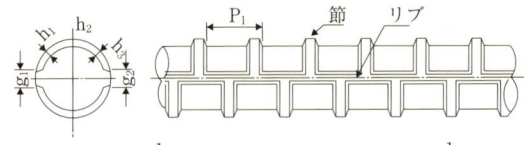

● 節の平均間隔 = $\frac{1}{10}(P_1 + P_2 \cdots\cdots P_{10})$　● 節の高さ = $\frac{1}{3}(h_1 + h_2 + h_3)$
● 節のすき間の合計 = $g_1 + g_2$

『建設用資材ハンドブック2014年8月改訂版』416, 417, 420頁（新日鐵住金株式会社）

図IV-8　異形棒鋼（鉄筋）の各種仕様②

明として整理しておくことを要求されることもありますので，品質管理の基準を工事開始前に決定しておきましょう。**現場管理における品質の確保についてはやるべきことが山ほどありますので，実施できる範囲を部下と共有することが重要です。**

8　トラブルにしない型枠支保工

　出来栄えの良い耐久性のある構造物を構築するには，最後の重要な工程がコンクリート打設となります。鉄筋の配筋を正確に行い，型枠を設置して正確な被りを確保して，仕上げとなるコンクリートを打設しています。このときにトラブルが発生すると取り返しがつきません。施工担当技術者は，トラブルを発生させないように，管理を行うことになります。そのためには，人任せにせず積極的に施工に関与していくことが必要です。

　例えば，「自分より歳が上の職人だから任せておけば心配ないだろう」とか，「自分は経験が少ないので何をチェックしたらよいか分からない」とか，「自分が管理しなくても現場は進んでいくから」と尻込みをしているとトラブルに遭遇します。

　また「人任せ」，「部下任せ」，「忙しさを理由に現場に出向かなかった」ときなどに限り，不思議なものでトラブルが発生します。後悔をしても後の祭りです。もし自ら現場に出向きチェックしていれば，こんなことにはならなかったのにと自責の念に駆られます。

　自分を責めている間はよいのですが，「部下を名指しで批判する」，「怒りに任せて協力業者に責任を転嫁する」などの行為に走るようであれば，技術者として失格です。

　後悔をしない現場管理のために，現場を歩き，確認しながら，「施工手順どおりに実施されているか」，「トラブルが発生するような間違いはないか」を確認してください。積極的に工事管理に関与することが，施工を担当する技術者の役割となります。出来栄えの良い耐久性のある構造物を構築するには，自ら関与して施工を管理する姿勢を貫くことから始まるのです。

　コンクリート打設は最後の仕上げです。コンクリートを打設するときには，異常が発生していることを見逃さないようにしてください。

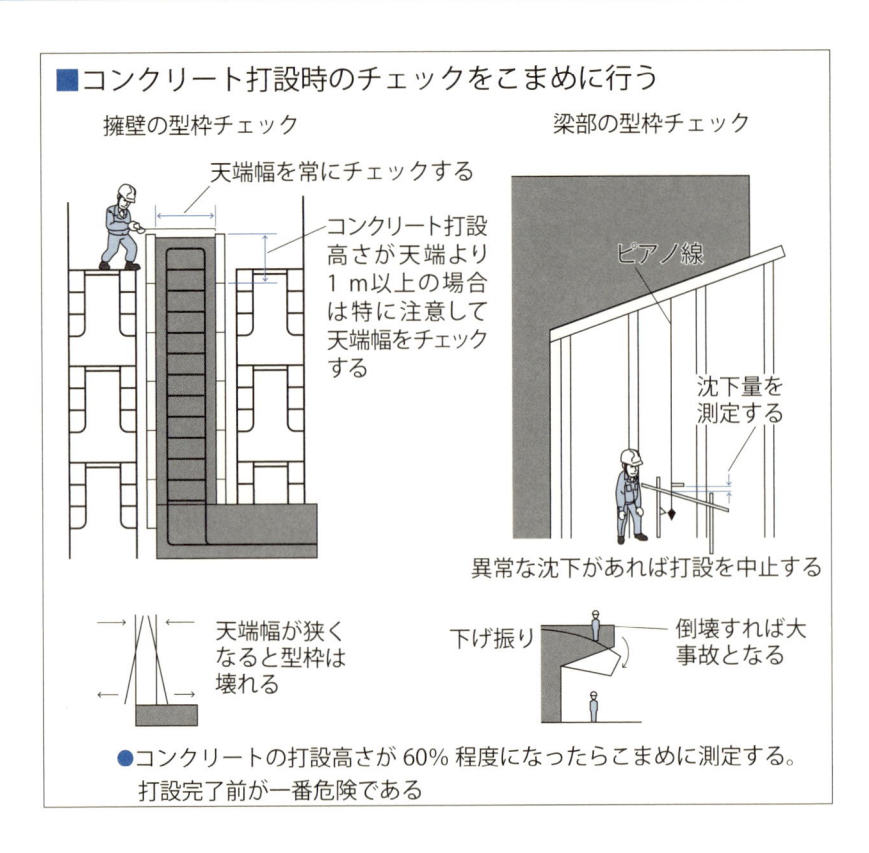

■コンクリート打設時のチェックをこまめに行う

擁壁の型枠チェック　　　　梁部の型枠チェック

天端幅を常にチェックする

コンクリート打設高さが天端より1m以上の場合は特に注意して天端幅をチェックする

ピアノ線

沈下量を測定する

異常な沈下があれば打設を中止する

天端幅が狭くなると型枠は壊れる

下げ振り　　　倒壊すれば大事故となる

●コンクリートの打設高さが60％程度になったらこまめに測定する。打設完了前が一番危険である

① 擁壁などの壁構造は型枠天端をスケールでこまめに計測する（コンクリート打設高さの50％に達したときから天端幅のチェックを開始し，コンクリート打設完了天端から1m下がりに達したら，特に注意してチェックしましょう）。

② 梁底からピアノ線を下げて沈下量を計測し，急激な動きを監視する（急激な沈下の進行は，支保工に異常が発生している証拠です。コンクリート打設を中断して，支保工の状態を確認しましょう。そのまま打設を継続していると支保工や足場が倒壊して人身を伴う大事故となります。天端から1m下がりからは特に注意しましょう）。

ここで経験の浅い技術者に対して，コンクリート打設前にチェックして

おくべき型枠のポイントを列挙します。目で見て分かるように図化していますので，視覚的に記憶しておきましょう。必ず，現場で確認してほしい内容です。また，現場代理人や監理技術者の方にとっては，教育資料として活用していただければ幸いです。

（１）重力式擁壁などの斜め型枠の浮上がり防止対策

　斜め型枠は，コンクリートを打設すると硬化が完了するまでは，型枠に直角方向に力が働くので，その力は水平力と鉛直力に分力されて型枠にかかります。水平力はセパレーターで固定されているので抵抗することができますが，鉛直力に対しては，型枠の自重でしか抵抗できません。したがって，容易に浮き上がってしまうことになります。そこで残鉄筋を利用し，アンカーとして均しコンクリートに埋め込んでください。そのアンカー鉄筋にセパレーターを溶接して浮上がり防止対策としてください（**図Ⅳ-9**）。

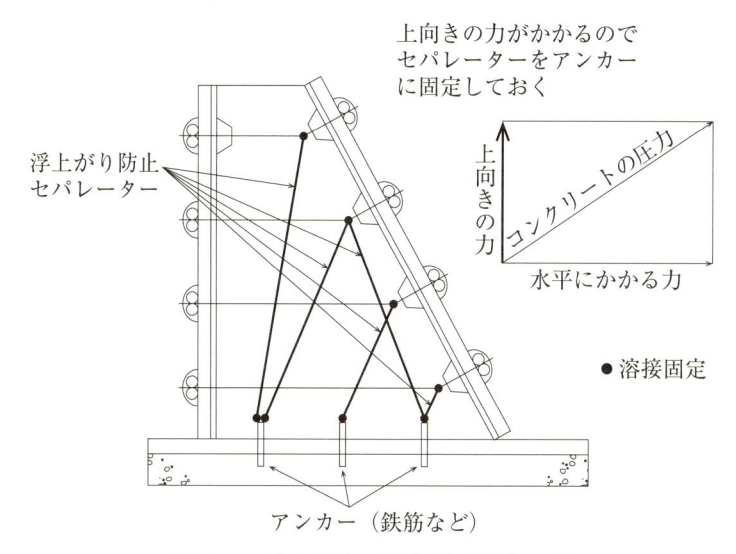

図Ⅳ-9　斜め型枠の浮上がり防止の例

（2）ベースコンクリートから立ち上がる壁部におけるハンチ型枠の固定方法

　ハンチ部分が小さいときは，大きな鉛直力がかかりませんが，大きなハンチとなると斜め型枠と同様に鉛直力がかかります。この場合も斜め型枠と同様に，事前にアンカー鉄筋をベースコンクリートに埋め込んでおき，浮き上がらないようにセパレーターで浮上がり対策を実施しましょう（図Ⅳ-10）。

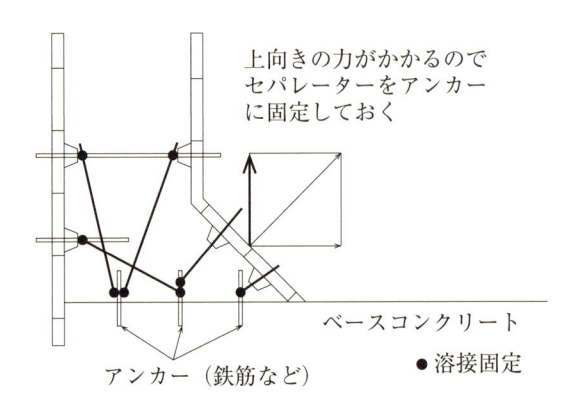

図Ⅳ-10　立上がり部低部におけるハンチ型枠の固定例

（3）隅角部のハンチ型枠の固定

　擁壁などの隅角部は，『都市計画法・宅地造成等規制法開発許可関係実務マニュアル』に示されたとおりに，ハンチを設けて補強を行わなければなりません。3～4m程度の擁壁であれば，ハンチ部も型枠を一気に立ち上げて施工したいところですが，一気に立ち上げてしまうとハンチ部のセパレーターを固定する相手側と固定することができません。セパレーターが固定できないので，型枠の外側から抑え込んで，コンクリートの圧力に抵抗させようとガッチリと支保します。

　しかし，型枠はコンクリートの圧力に持ちこたえられません。必ず壊れます。したがってハンチ部は少しずつ型枠を立ち上げて，ハンチ部と相手

Ⅳ 出来栄えの良い耐久性のある構造物を構築する管理スキル

立体図
擁壁が折れ曲る場合には隅は
コンクリートを補強すること

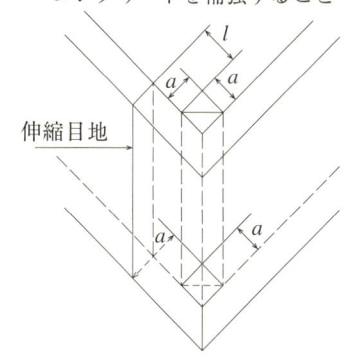

伸縮目地

平面図
鉄筋コンクリート擁壁の隅部は
該当する高さの擁壁の横筋に準
じて配筋すること

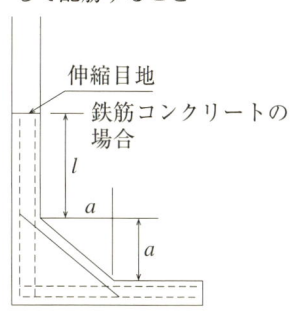

伸縮目地
鉄筋コンクリートの場合

擁壁の高さが3m以下のとき　　$a = 50$ cm
擁壁の高さが3mを超えるとき　$a = 60$ cm
l は2m以上で擁壁の高さ程度

『都市計画法・宅地造成等規制法開発許可関係実務マニュアル』(東京都)

図Ⅳ-11　擁壁の隅部の補強方法

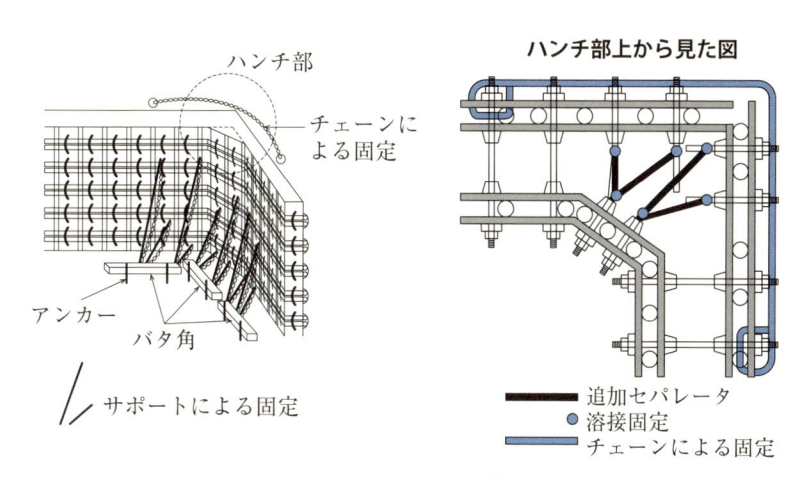

ハンチ部
チェーンによる固定
アンカー
バタ角
サポートによる固定

ハンチ部上から見た図

追加セパレータ
溶接固定
チェーンによる固定

図Ⅳ-12　隅角部のハンチ型枠の固定の例

側コーナー部のセパレーターをつないで一体にして，溶接を施してください（図Ⅳ-11，Ⅳ-12）。

時として，経験のある型枠大工でも「これぐらい外側から支保すれば大丈夫だよ」という言葉で安心していると，型枠が破裂するという事態を招きます。型枠はセパレーターで両側を固定するから，型枠支保工の計算が成り立つようになっています。セパレーターを両側で固定しなければ，型枠支保工になり得ません。ちょっとしたことですが，型枠大工に「ハンチ部のセパレーターは，必ず溶接してください」と指示を出しておけば，型枠大工は面倒だと思っても，その指示を守ってくれるはずです。**これから起こり得るであろう事態を予測して，指示を出して確認することが，施工担当技術者のトラブルを摘み取る管理スキルなのです。**

(4) 立上がり型枠の鉛直性は引張りと突張りで確保する

　擁壁，橋脚，橋台などの立上がり型枠は，鉛直に施工しなければなりません。鉛直にするためには，型枠の完成前に立上がりを見て鉛直であるかどうかを確認する必要があります。もし鉛直でなかった場合には，チェー

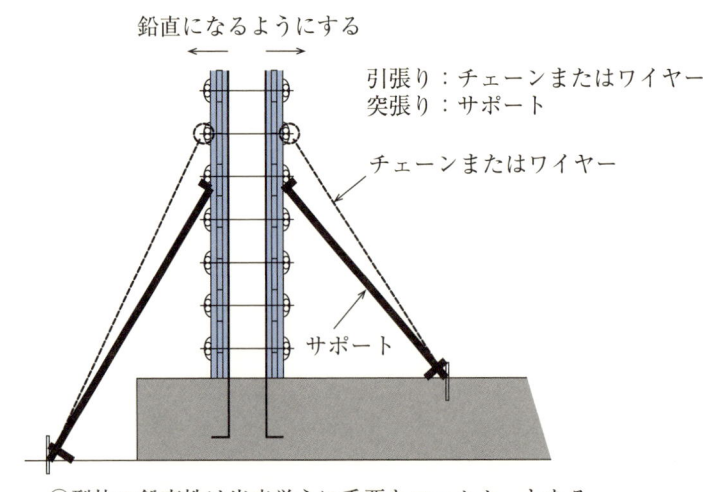

①型枠の鉛直性は出来栄えに重要なファクターとなる
②両側で固定するとコンクリート打設時の衝撃にも抵抗できる

図Ⅳ-13　型枠の鉛直性の確保は引張りと突張りで行う

んかワイヤーで引張って鉛直性を確保しますが、その仕上げは必ず突張りとなるサポートを設置しましょう。コンクリートを打設しているときに、型枠が動かないとも限りません。そんなとき引張りだけでは、引張った方向に型枠が動いてしまいます。コンクリート打設してからでは、型枠の修正はできません。型枠の鉛直性の確保は、コンクリート打設時の衝撃にも耐えられるように、引張りと突張りを対にしておけば動くことはありません。また、両側に設置しておき、バランスを取るようにしてください（図Ⅳ-13）。

（5）Ｔ型梁の支保工には水平力がかかる

　Ｔ型梁は一般的に梁底が傾斜しています。この傾斜に対して支保工を設置しなければなりません。傾斜した角度によって、支保工にかかる水平力の大きさが決まります。傾斜が大きいほど水平力が大きくなることは周知の事実です。Ｔ型梁の支保工は、倒壊して大事故になっている事例が後を絶ちません。施工担当技術者にとって一番避けたいのは、人身を伴った事故です。Ｔ型梁の支保工が倒壊すると同時に足場も倒壊しますので、コンクリート打設作業者や支保工を点検している管理者が、倒壊に巻き込まれる最悪の事態が起きることになります。そのような事態を避けるために、確認しなければならないことをチェックしてみましょう。

① Ｔ型梁部の全コンクリート重量と、コンクリート打設時の衝撃を加味した重量よりも支保工の耐力が勝っているか
② 大引受けジャッキのストロークが、20cm以内で計画されているか
③ ジャッキベースのストロークが、20cm以内で計画されているか
④ 支保工直下の地盤は、支保工と支保工にかかる重量を支持できる地耐力があるか
⑤ 支保工の荷重が地盤全体に均等に載荷できるように、敷き鉄板を設置しているか

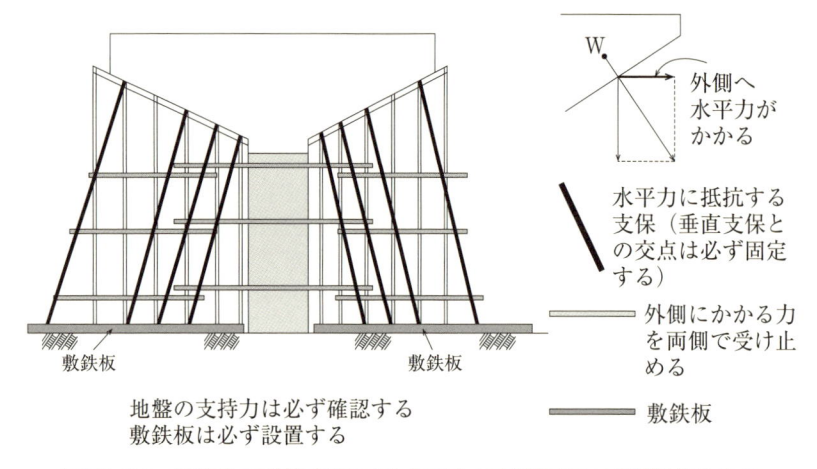

図IV-14　T型梁の型枠支保工は水平力に抵抗する支保構造にする

⑥ 支保工を計画した整地地盤高さとなっているか
⑦ T型梁部の全コンクリート重量と，コンクリート打設時の衝撃を加味した重量から算出される水平力に，抵抗できる支保構造になっているか

この7項目の全てを満足しなければ，倒壊事故につながります（**図IV-14**）。

特に安易に考えられるのは，整地された地盤高さに対する確認です。計画された支保工は，地盤高さが正確でなければならないのに20cm低く整地したとします。しかし，支保工を組み立てる責任者は整地高さが正確だと思って作業を開始するので，計画図どおりに支保工を組み上げていきます。

次に，後工程となる型枠組立作業の責任者にバトンタッチします。大引受けジャッキを設置して，正確な高さに調整したところ，ジャッキのストロークが限界まで伸びてしまいました。

しかし，設置できるのだから図面どおりかと思い，梁底の型枠を設置し

ます。梁底の型枠が完成すると，次工程の鉄筋組立作業の責任者にバトンタッチします。鉄筋が重いといってもコンクリートの荷重と比べれば軽いので，鉄筋の組立が問題なく終了します。次に梁の側面の型枠の組立作業となりますが，梁底型枠を設置したときに図面どおりだとの思いから，梁底への配慮がないままに型枠の組立が完了します。型枠の組立が全て完了したのでコンクリート打設となります。この時点で，大引受けジャッキがストローク限界であることに気付いてもらえれば，大事故となるトラブルは避けられます。

梁底が傾斜しているので，水平力がかかるため水平力に抵抗する支保構造としていました。ここでは，問題はありません。しかし，ストロークが限界であったために，大引受けジャッキに水平力がまともにかかってしまいます。大引受けジャッキは，支保鋼材に差し込んであるだけなので，簡単に動いてしまいます。このことを誰も気が付かなければ，コンクリートの打設完了の目前で大音響とともに，支保工と足場が倒壊する大事故となります。

ここでコンクリート打設中に行わなければならないことがあります。それは，①〜⑦の他，以下の⑧番目のチェック項目です。

⑧ コンクリート打設中の状態を確認するために，梁底型枠の沈下量を下げ振りをつけたピアノ線を設置して計測しているか

コンクリート打設中に，梁底の沈下量が急激に増加したときは，異常事態が発生したと考えて，コンクリートの打設を中止してください。まず先に見てもらいたいのは，梁底の支保工の状態です。そこに問題があれば，打設の続行はできません。直ちに，梁の型枠に逆さ面木を打ち付けてコンクリート面を水平に仕上げてください。

また，鉄筋に付着したモルタル分を落として打継ぎ目として処置を行います。翌日に打継ぎ目としてレイタンス処理を行います。同時に，動いてしまった大引受けジャッキ全てを縦横に単管で固定してください。さらに，

支保工を追加して補強を行い大引受けジャッキも追加してください。ガッチリと固めたことを確認し，コンクリート打設を再開してください。

　以上のシナリオは想定事例ですが，整地の高さを確認せずに施工をしてしまったということだけで，Ｔ型梁支保工が倒壊する原因につながっていることに驚かれると思います。施工担当技術者は，先の先を見て考えられるリスクを全て潰していくことが重要となります。したがって「想定外」という言葉には，技術者としての誇りを感じることはできません。施工の達人となるには経験を積むことなのですが，全ての事例を経験することは不可能です。

　したがって施工技術を継承していくためには，自分の経験値と先達たちの経験談やノウハウの蓄積が必要なのです。まずは個人的にいろいろな事例を列挙して，表計算ソフト等にキーワードを盛り込んで，データベース化することをお勧めします。そして，現場を卒業して工事全般の管理をするような立場になったときには，各個人で積み上げたデータを全社に公開して，施工ノウハウのデータベースを構築してください。

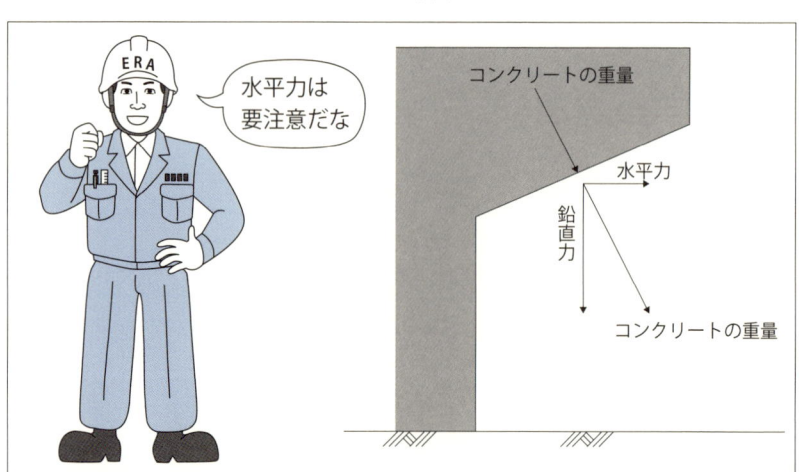

- Ｔ型梁のコンクリート打設時には，支保工に水平力がかかるので，倒壊の危険が潜んでいる
- 斜めに設置した型枠には，必ず水平力に抵抗する対策を取る

（6）水平力に抵抗する斜支保工の検討

　T型梁にかかる水平力に抵抗する斜支保工は，梁底に直角方向に設置することになります。斜支保工材の数はどの程度にしたらよいかと言えば，1本当たりの許容圧縮荷重を計算し，かかる水平力を除して，設置本数を計算します。圧縮力なので，移動条件と拘束条件によって座屈長さは変わってきますので，水平力に抵抗する支保工では注意が必要です。

（7）大引受けジャッキのストローク管理

　前述の大引受けジャッキのストロークは，重要なので確認しておきましょう。大引受けジャッキおよびロング大引受けジャッキでも，ストロークが長くなった場合には，必ず縦横を確実に固定しましょう。固定しておけば，あわや倒壊となる要因を一つつぶすことができ，倒壊リスクを減ら

注）ジャッキベースについてもストロークが長くならないようにする

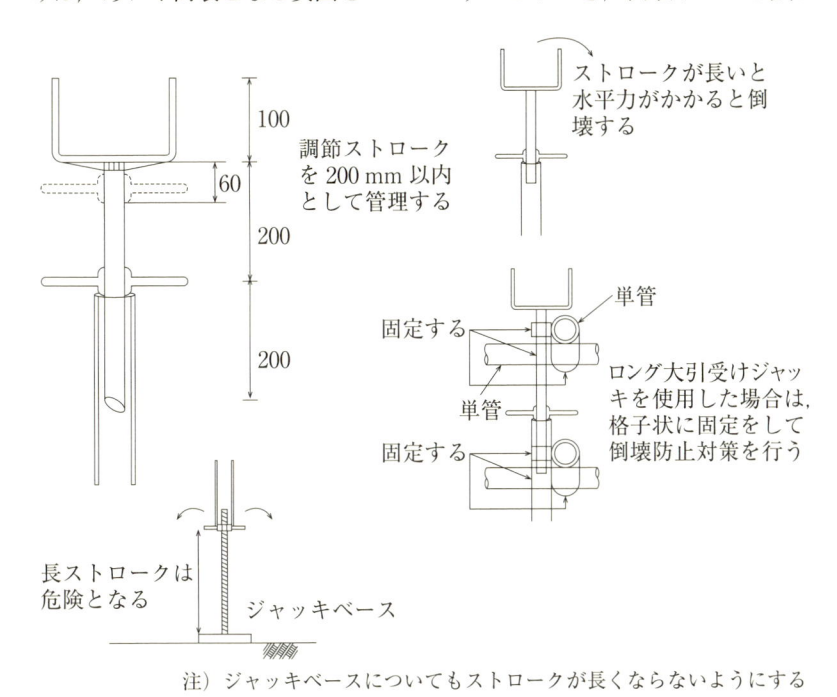

図Ⅳ-15　大引受けジャッキのストロークを管理する

せることになります（図Ⅳ-15）。

9 ひび割れを成長させないために

　コンクリート構造物は，ひび割れがないことが望まれていますが，ひび割れを発生させないためには，何かしらの対策を講じなければなりません。しかし何かしらの対策を行ったとしても，100％ひび割れを発生させないようにすることは難しいと考えられています。ひび割れについての考え方は，『示方書』にある耐久性に関する照査から，鋼材腐食に対するひび割れ限界値が設定されており，ひび割れの基準が示されています。

　また，使用性に関する照査から，構造物に求められる機能のうち，外観についてひび割れ幅の限界値が設定されています。ひび割れの状態を見たときの外観については，「使用者がひび割れを確認したときに感じる不快感の程度」としています。使用者が，どの程度までのひび割れを許容するかは個人差があるように思いますが，「ひび割れがない」もしくは「ひび割れを目視で確認できない」ことが使用者の多くが望むところだと考えます。

　以下に一般的な構造物である，擁壁，橋台，橋脚，ボックスカルバート，地下構造物，上下水道施設などにおけるひび割れの発生する要因を挙げてみましょう。

　初期ひび割れとして，セメントの水和に起因するひび割れと収縮に伴うひび割れを考えなければなりません。マスコンクリートとして取り扱うべき一般的な構造物の寸法として，目安ではありますが，下端が拘束された壁は厚さ50 cm以上となっています。一般的な構造物としては，ベース基礎が拘束体となり，そこから立ち上がる壁や柱が50 cm以上であれば，マスコンクリートとなります。

　ベース基礎が拘束体となって，そこから立ち上がる壁や柱について温度

応力解析を実施すると，ベース基礎の上面から50 cm程度上がった部分が，最も引張応力が卓越する位置になることが分かります。したがって初期ひび割れのセメントの水和に起因するひび割れは，ベース基礎から上に向かってひび割れが入ることになります。経験上，コンクリートを打設してから型枠の設置期間を経て型枠を取り払った時点では，セメントの水和に起因するひび割れを目視で確認することはできません。

しかしひび割れがないということではなく，見えないだけと考えてください。型枠を取り払って2〜3日するとひび割れがあるのが分かるようになります。ひび割れの発生を確認したならば，調査を開始しますので，ひび割れ幅を計測してその経過を観察します。すると2〜3週間程度かけて徐々に成長していくことが分かります。

型枠を取り払うとみずみずしいコンクリート表面が1時間ほどで急激に乾燥していくことが分かります。型枠の設置期間によって，型枠を取り払ってもひび割れの成長が確認できない場合もあります。初期ひび割れとして，コンクリートを打設してから約1カ月の間にセメントの水和に起因するひび割れと，コンクリートの自己収縮や乾燥による収縮に伴うひび割れが発生していることになります。

「図Ⅳ-16　初期ひび割れに関するコンクリートに発生する応力とコンクリート強度との関係概念図」より，型枠の設置期間中ではコンクリート打設後，セメントの水和反応によりコンクリート温度が上昇するので，型枠内のコンクリートには圧縮力が働きます。次に温度上昇がピークを過ぎ，温度が下がり始めると，コンクリートが徐々に縮もうとします。しかし型枠で固定され，鉄筋が拘束体となってコンクリートは動けないので，コンクリートに作用する応力が圧縮力から引張力に変化していきます。

コンクリートの圧縮強度は時間の経過とともに上昇し，それに伴って引張強度も上昇していきます。水和反応によって上昇したコンクリート温度がピークを過ぎて温度が下降し出すと，型枠内のコンクリートには引張応

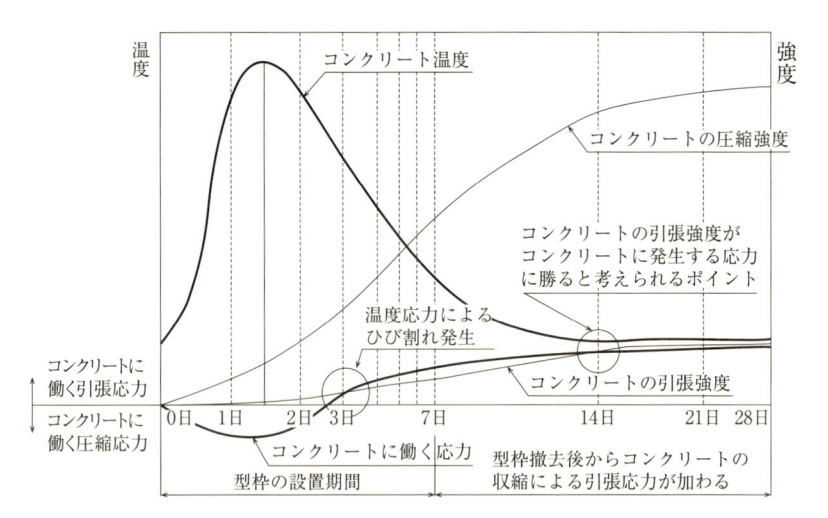

**図Ⅳ-16　初期ひび割れに関するコンクリートに発生する応力と
コンクリート強度との関係概念図**

力が発生するようになります。コンクリート温度の降下によって発生した引張応力が，コンクリートの圧縮強度とともに上昇する引張強度を越えてしまったときに，型枠内のコンクリートにひび割れが発生してしまうことになります。

このとき型枠で固定されたコンクリートの状態は，型枠とコンクリート表面が付着した状態となっているので，多分ひび割れは目に見えるような状態となっていないと考えられます。

数日が過ぎ型枠設置期間が終了し，型枠を取り外すことになります。型枠を設置する前に型枠表面には，剥離剤を塗布して剥がれやすいように処置をしています。なぜならコンクリートを打設するときに必要な流動性を確保するために，ワーカブルなフレッシュコンクリートにする目的で，空気がコンクリート内に入っています。

さらにコンクリート打設時に取り込まれる空気があります。出来栄えの良い耐久性のある構造物を構築するためには，バイブレーターによりコンクリートを締固める必要があります。特に被り部分は入念に締固めるので，

コンクリートに必要な空気以外の空隙や施工上取り込まれた空気が，バイブレーターによりコンクリート表面に上がっていきます。このとき型枠とコンクリートの間は，真空に近い状態となっていると想像できます。したがってかなりの強さで，型枠とコンクリートは密着していると考えられるのです。

　しかし型枠とコンクリートは，剥がれないかというと意外に簡単に剥がれます。型枠とコンクリートの間にバールを差し入れて，隙間ができれば簡単に剥がれるのです。密着した型枠とコンクリートの間に空気が入ると型枠とコンクリートは一気に剥がれます。このとき，型枠表面に剥離剤を塗布していなければ，型枠にコンクリート表面が付着してしまって，仕上がりの良いコンクリート表面にはなりません。

　したがって型枠を設置している期間は，型枠とコンクリートが密着しているため，ひび割れを成長させない役目を果たしていると考えられます。

（１）施工上で可能なひび割れ対策

　この型枠とコンクリートの密着に目を付けて，ひび割れの成長を抑止できる手順が考えられます。必然ですが，時間の経過とともにコンクリートの圧縮強度が大きくなります。圧縮強度の上昇とともに引張強度も大きくなります。初期ひび割れの原因となるセメントの水和反応に起因する引張応力と，乾燥収縮に伴い発生する引張応力に抵抗できるようにコンクリートの引張強度が得られるまで，型枠を設置しておくことができれば，ひび割れの成長は抑えられると考えられます。型枠の設置期間を長くすると，目視で確認できるようなひび割れの発生を抑えられることが経験上分かっており，そうすれば仕上がりの良い構造物を構築できると考えます。

　さらに，型枠を長期間設置しておくとコンクリート表面はガラスのように緻密化して，型枠を取り外したときには黒々としたコンクリート表面となり，耐久性が向上していると実感できる出来栄えとなります。手でコン

クリート表面を触るとツルツルとした手触りになっており，耐久性も高いと判断できるのです。

　施工期間に余裕があり，型枠を設置する期間を長くすることができるようであれば，その違いを実感してみてください。型枠を取り外したときから黒々とガラス化した表面は，徐々にコンクリート色に変化していきますので心配はありません。コンクリート表面をガラスのように緻密化させることができた構造物は，経年による劣化が少なく，いつまでもスベスベした手触りをしており，現場を施工管理する技術者としての誇りを感じることができます。そんな経験を積み上げて，出来栄えの良い耐久性の高い構造物を構築する楽しみを味わってください。

（2）下部拘束のある立上がり部材のひび割れ対策

　温度応力解析によれば，セメントの水和反応に起因するひび割れに関して，引張応力が卓越する箇所は，立上がり部材では下部拘束となるベース基礎部から50 cm程度上がった位置となります。擁壁やボックスカルバートなどは，悪いことにその辺りに水抜きパイプを設置するようになります。引張応力が卓越する箇所に水抜きパイプによる断面欠損箇所を造っているので，水抜きパイプを設置した箇所にひび割れが入る確率が高くなります。

　擁壁の設計では，背面の水圧は考慮して設計計算をしないので，擁壁の壁部背面に裏面排水工を設け，水抜き工を必ず設置して，水圧がかからないように施工をします。このような構造上，必要な水抜き工であるため，施工上ひび割れを抑止する対策が必要となります。

　ひび割れを抑止する対策は，ひび割れ防止鉄筋の追加や水抜きの上下に，引張応力に抵抗する繊維質ネットを設置する対策が考えられます。特に繊維質ネットは施工性が良く，被り部分に設置しても腐食することがないので，壁部の耐久性に問題を残しません。注意点は被り部分に入れるので，繊維質ネットを鉄筋に確実に固定して，コンクリートの圧力で，型枠につ

198

かないようにすることです。

　繊維質ネットは経験上，有効にひび割れを抑止できる対策です。特に設置する位置は，水抜きパイプの上下に必ず配置します。また，水抜きパイプの上部に設置した箇所から，50 cm 程度の間隔を空けて1箇所設置します。

　さらに擁壁の高さが3 m を超す場合は，そのまた1 m 程度の間隔を空けてもう1箇所設置すればひび割れの発生を抑止できます。当然ながら，構造物の立上がり部材の前面と背面に，同じ位置で同じ数を配置してください。個人的には，ひび割れ防止鉄筋を配置するよりも繊維質ネットによるひび割れ抑止対策の方が，将来も見据えて有効であると思っています(**図Ⅳ-17**)。

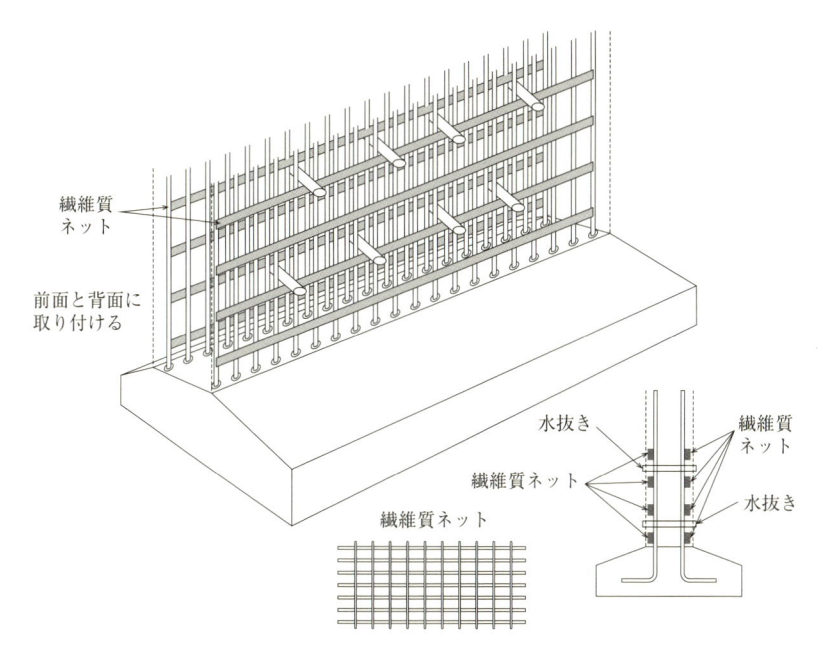

図Ⅳ-17　繊維質ネットによるひび割れ抑止対策

（3）型枠を取り払った後に行うひび割れ対策

　型枠を設置してから『示方書』にある養生期間の後に，型枠を取り外します。型枠を取り払ってしまうと急激に乾燥し出します。風と炎天下において，あっという間にみずみずしさが失われていきます。こんな急激に乾燥させて，構造物に影響が出ないのだろうかと思うぐらいに，コンクリート表面は乾いてしまいます。コンクリートが乾燥するということは，コンクリートから水が抜けてしまうことなので，人間で言えば歳をとって干からびた状態と同じと考えられます。工事を施工管理する技術者は，構造物に早く歳をとってもらいたくないと考える必要があります。

　一般に型枠を取り外す時期は，所定のコンクリートの強度に達していない材齢の若い時期となります。型枠を取り払った構造物は，内部に配置された鉄筋によって，コンクリートが縮まろうとする動きを止められた状態となります。したがって，型枠を取り外したときのコンクリート圧縮強度に比例した引張強度よりも，乾燥収縮により発生した引張応力が勝れば，ひび割れが入ることになります。このために，コンクリート構造物のひび

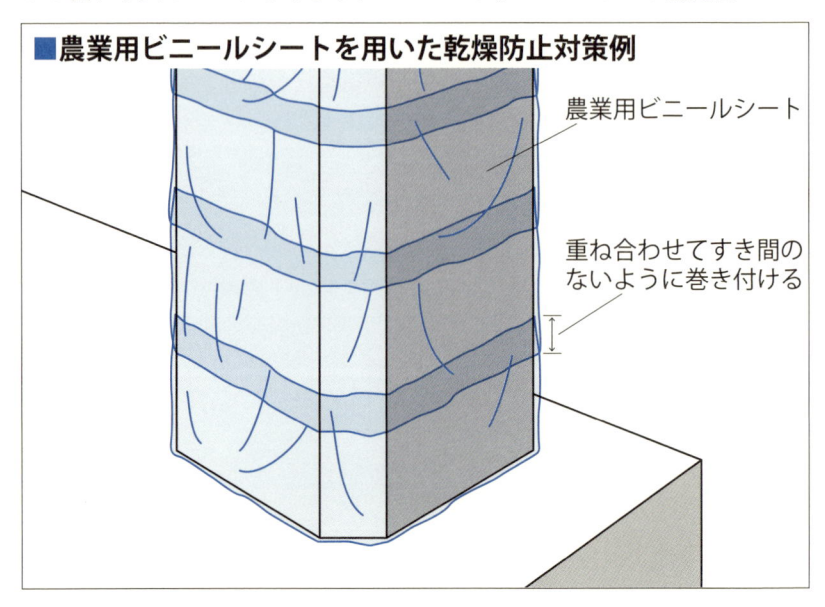

■農業用ビニールシートを用いた乾燥防止対策例

農業用ビニールシート

重ね合わせてすき間のないように巻き付ける

割れは，等間隔に入ると考えられています。

　下部拘束がある立上がり部材のある構造物は乾燥収縮の影響として，下部が固定されて動くことができずに，収縮しようとすることになります。やはり型枠を取り払った後でも，コンクリート部材の下部に引張応力が大きく発生していると考えられます。

　材齢が若いということはコンクリートの強度が十分に発現していないことになります。型枠を取り払い，急激な乾燥状態の中に構造物を放置してしまうことはもっての外ということになります。

　乾燥収縮によって発生する引張応力に抵抗できる力，すなわちコンクリート強度が発現してくるまで乾燥させないことが，ひび割れを成長させない対策となります。具体的に，手軽で安価な乾燥抑制対策として，農業用ビニールシートによるラッピング対策があります。

　ラッピングによる乾燥抑制対策とは，型枠を取り払った後に，コンクリート表面を乾燥させないように保湿する対策です。ラッピングの材料は，農業用のビニールシートです。安価で扱いやすい材料です。型枠を取り払った直後に構造物に農業用ビニールシートを巻き付けておくことで，急激な乾燥を防止でき，長期間湿潤状態を保つことが可能になります。

　長期間（2週間～1カ月間）の湿潤状態を保つことで，コンクリートの材齢とともにコンクリート強度が上昇するので，乾燥収縮によって発生する引張応力に抵抗できる強度が得られますので，ひび割れの成長が抑えられます。農業用ビニールシートは安価ですが，廃棄するときには産業廃棄物となりますので，扱いには特に注意してください。

（4）セメントを変更してひび割れ対策

　公共工事では，普通ポルトランドセメントより高炉セメントB種を使ったコンクリートが，リサイクル法の推進のため，よく使用されています。高炉セメントB種は，アルカリ骨材反応の抑制と，塩分が浸透し難いと

いう特徴を持っています。

　さらに，強度の発現がゆるやかという特徴があり，水和反応がゆっくり進行します。このため，コンクリートの硬化時の発熱量が抑えられる効果があり，構造物を構築する上で，ひび割れを抑制するために行う温度応力解析上でも有効なセメントでした。

　しかし，最終的な圧縮強度は普通ポルトランドセメントと変わらないのですが，強度の発現がゆるやかなので型枠の設置期間が長くなるという欠点がありました。

　そのような事情から，高炉セメントB種は普通ポルトランドセメントに近い強度発現性が要求された結果，「高炉セメントB種は，普通ポルトランドよりひび割れが発生する確率が高くなった」と言われるようになりました。

　またセメントの性能が変化して，過去の経験則が生かされない場合も出てきました。工事を施工管理する技術者として，ひび割れのない構造物を目指すことは使命ですから，スペックで規定されたセメントが高炉セメントB種であれば，普通ポルトランドセメントに替えて温度効力解析を行い，比較検討することも選択肢と考えてください。

　しかし，ひび割れだけにとらわれず，アルカリ骨材反応の疑いがあるときには，高炉セメントB種を必ず使用することを忘れてはいけません。セメントの変更はコスト面での配慮が必要になりますので，慎重に検討してください。

（5）夏場のコンクリートのひび割れ対策

　『示方書』によれば，日平均気温が25℃を超えると暑中コンクリートとして施工を行う必要があります。気温が30℃を超えるとコンクリートの諸性状が変化するようになります。気温が高ければ，コンクリート温度が上昇して，「運搬中のスランプが低下する」，「連行空気量が減少する」，「コールドジョイントが発生する」，「コンクリート表面の水分の蒸発によ

るひび割れが発生する」,「温度ひび割れの発生が高くなる」などの施工上問題となる要因がどんどん出てきます。この施工上の問題をできる限りつぶしていくことが,工事を施工管理する技術者の力量となります。

実施する対策を挙げてみましょう。

① 早朝から打設を開始して,気温が比較的落ち着いている午前中に打設を完了する
② 生コン車の待機場所には,直射日光を避ける簡単な設備を設ける
③ 練り混ぜ開始から,1.5時間内に打設を完了する
④ 打ち重ね時間が2時間以内になるように,施工範囲,コンクリートの供給能力,締固めや仕上げに要する人員配置など,綿密なコンクリート打設計画を立案する
⑤ コンクリートポンプ車の故障や交通事故による渋滞も想定して,バックアップ体制を確実にする
⑥ 湿潤養生期間を遵守する (表Ⅳ-8)

表Ⅳ-8　湿潤養生期間の標準

日平均気温	普通ポルトランドセメント	混合セメントB種	早強ポルトランドセメント
15℃以上	5日	7日	3日
10℃以上	7日	9日	4日
5℃以上	9日	12日	5日

『コンクリート標準示方書2012年制定 施工編』(公益社団法人 土木学会)

以上は,施工に関することになります。しかし市街地では施工開始の時間規制がありますので,施工開始時間を早朝にできない場合もあります。現場だけでは解決できない問題は,生コンプラントに事前に実施可能な対策を依頼してください。

具体例としては,

① 直射日光を避け,散水などで骨材の温度を下げる対策を行う
② 低い温度の練り混ぜ水を使用する
③ 生コン車に太陽熱高反射塗料を塗布して,温度上昇を抑える

④ 遅延型の減水剤や AE 減水剤を使用する

　⑤ 流動化剤を使用する

などが挙げられますが，費用がかかる対策もあるので，十分な検討が必要となります。

　なお練り混ぜ水に製氷を使用して，コンクリート温度を下げる対策を実施できる生コンプラントがあります。費用はかかりますが，暑中コンクリート対策として有効な対策です。

（6）冬場のコンクリートのひび割れ対策

　『示方書』によれば，日平均気温が 4 ℃以下になると寒中コンクリートとして施工を行う必要があります。平均気温が 4 ℃以下になるような時期には，凝結および硬化反応が著しく遅延して，コンクリートが凍結する事態が発生します。初期凍害を受けたコンクリートは，耐久性，水密性に劣ったものとなってしまいます。初期凍害にさせない施工を実施していくことが，工事を施工管理する技術者の力量となります。

　実施する対策としては，「降雪にも耐えられるように足場の上部に堅固な屋根を設け，足場の外側にシートを張り型枠に，直接寒風があたらない設備を設ける」ことです。このとき外気と屋根とシートで覆った空間の温度差は，おおよそ 5 ℃程度になります。外気温が 0 ℃までなら対応は可能ですが，0 ℃を下回るのであれば，給熱養生が必要になります。給熱養生としては，ジェットヒーター，ヒーターマット，練炭などを用います。

　しかし完全に外気を遮断できないので，部分的には温度の低いエリアや温度が高いエリアが存在してしまいます。給熱による急激な乾燥や局部的に熱せられる箇所ができる可能性があることにもなります。また，局部的な加熱はコンクリート各部の温度差によって，ひび割れが発生するなどの大きなリスクを伴います。

　『示方書』に沿って寒中コンクリートの対策を挙げてみましょう（**表Ⅳ**

表Ⅳ-9　初期凍害を防ぐために養生終了時に必要となる圧縮強度の標準（N/mm²）

型枠の取外し直後に構造物が曝される環境	断面の大きさ 薄い場合	普通の場合	厚い場合
(1) コンクリート表面が水で飽和される頻度が高い場合	15	12	10
(2) コンクリート表面が水で飽和される頻度が低い場合	5	5	5

『コンクリート標準示方書 2012 年制定 施工編』（公益社団法人 土木学会）

表Ⅳ-10　所要の圧縮強度を得る養生期間の目安（断面の大きさが普通の場合）

型枠の取外し直後に構造物が曝される環境	養生温度	普通ポルトランドセメント	早強ポルトランドセメント	混合セメントB種
(1) コンクリート表面が水で飽和される頻度が高い場合	5℃	9日	5日	12日
	10℃	7日	4日	9日
(2) コンクリート表面が水で飽和される頻度が低い場合	5℃	4日	3日	5日
	10℃	3日	2日	4日

注）　水セメント比が 55％の場合の標準的な養生期間を示した。水セメント比がこれと異なる場合は適宜増減する。

『コンクリート標準示方書 2012 年制定 施工編』（公益社団法人 土木学会）

-9，Ⅳ-10）。

① セメントは，早強ポルトランドセメントまたは普通ポルトランドセメントを用いることを標準とする

② 水または骨材は加熱するが，セメントはどんな場合でも直接加熱してはならない

③ 初期凍害防止のため所要のワーカビリティが保てる範囲で，単位水量はできる限り少なくする

④ コンクリートの練上がり温度は，変動がないようにバッチごと管理する

⑤ コンクリートの温度低下を防ぐために運搬および打込み時間は，できるだけ短くする

⑥ 鉄筋，型枠等の氷雪は撤去する

⑦ 打継ぎ目が凍結している場合は，溶かしてからコンクリートを打設する
⑧ 厳しい気象作用を受けるときは，初期凍害を防止できる強度が得られるまで，コンクリート温度を5℃以上に保ち，さらに2日間は0℃以上に保つことを標準とする
⑨ 鋼製型枠は急激な温度変化を受けやすいので，木製型枠を使用する
⑩ 型枠の取外しは，急激なコンクリート温度の低下を避ける
⑪ 型枠および支保工の取外し時期は，現場で養生した供試体強度やコンクリート温度と積算温度による推定強度で判断する

以上が寒中コンクリートとして施工で実施するべき対策です。寒中コンクリートの温度管理を確実に行うことは厳しいようです。

ここで，コンクリートの水和反応を利用した寒中コンクリート養生システムを紹介します。

本技術は国土交通省 中部地方整備局でTSN寒中コンクリート養生システム（CB-100058-A）としてNETIS登録されている技術であり，国土交通省の直轄工事において，外気温度より5℃高い雰囲気温度を確保したことが報告されています。

概要は，構造物の施工における型枠面から20 cm程度外側で，足場の内側に農業用ビニールシートを設置して養生空間を設けます。外気と遮断した空間を設けて温度と湿度をコントロールします。

これは，初期のコンクリートの状態を良好に保つことができる簡易で，低コストで施工ができる寒中コンクリート養生システムです。使用材料は，農業用ビニールハウスに使用する丸パイプ，トップセッター，ワンタッチパッカー，農業用ビニールシート，気泡入り緩衝材となります（図Ⅳ-18, Ⅳ-19）。

現場では，半円形状の農業で使用しているビニールハウスの材料を使用します。農業用のビニールシートで隙間なく，確実に構造物を覆えるので，断熱性が高い構造となります。農家にあるビニールハウス内は温かく，イ

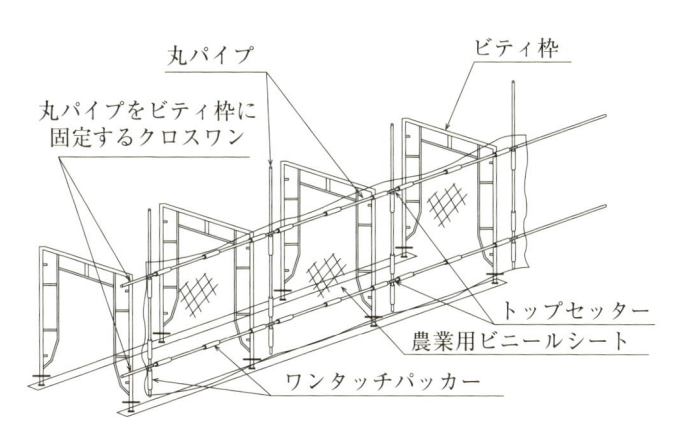

Ⅳ 出来栄えの良い耐久性のある構造物を構築する管理スキル

図Ⅳ-18 足場工（ビティ枠）への取付け図

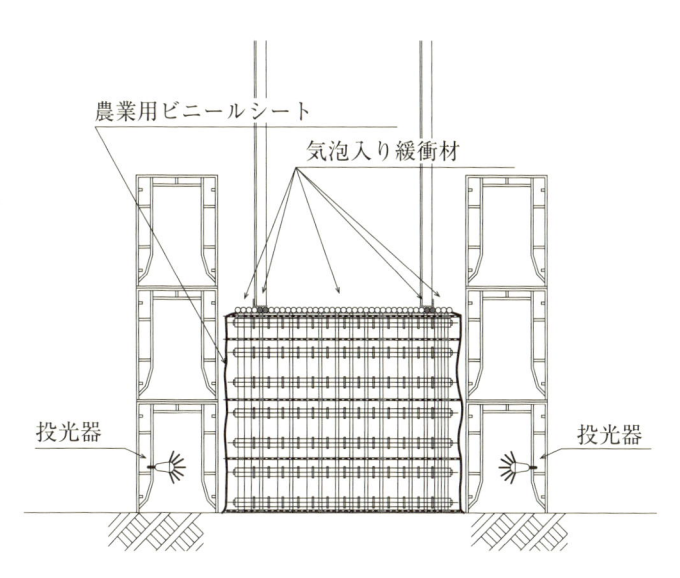

図Ⅳ-19 加温が必要な場合の投光器設置位置

チゴなどの果物の生育に使用されているのと同じ状態を現場で再現しています。外気と遮断されているので，コンクリートの水和反応による発熱で十分な養生温度を確保することができるのです。

　従来の寒中コンクリートの養生技術は，構造物をシートで覆い，ジェッ

207

トヒーター，ヒーターマット・練炭などを用いて給熱しながら養生温度を確保していました。問題点として，足場工の外側をブルーシートで覆いますが，十分な密閉空間が確保できないこと，密閉度を上げた場合には一酸化炭素中毒などの災害が発生するなどの危険がありました。

さらに石化燃料を使用することで，二酸化炭素を多量に排出するので，環境負荷が大きくなっていました。このビニールハウス材料を使用した寒中コンクリート養生は，石化燃料を使用しないので低炭素な施工が可能なシステムです。基本的には温度応力解析により養生効果を確認して，その解析に合わせた温度管理を行うことを基本としています。

（7）ひび割れを容認した対策

構造物の初期ひび割れは，性能に影響しないということを確認することが重要となっています。ひび割れは発生しているけれど，有害で致命的なひび割れにはなっていないことが重要です。温度応力解析を実施し，現実的な施工方法におけるケースを想定しても，ひび割れを抑えることが難しいときもあります。

したがって『コンクリート標準示方書 2012 年制定 設計編』（以下，示方書 設計編とする）では，「ひび割れを防止したい場合」，「ひび割れをできる限り制御したい場合」，「ひび割れを許容するがひび割れ幅が過大とならないように制御したい場合」について，ひび割れ発生確率 P と安全係数 γ_{cr} の目標値を決めています（**図Ⅳ-20，表Ⅳ-11**）。

初期ひび割れに関して，温度応力解析を実施することが必要事項であると『示方書 設計編』に記載されています。出来栄えの良い耐久性の高い構造物を構築するには，工事を施工管理する技術者として，工程計画どおりに施工したならば，構築する構造物のひび割れの発生状態を理解しておくことが重要となります。

ひび割れを制御しなければならない状況であれば，温度応力解析のトラ

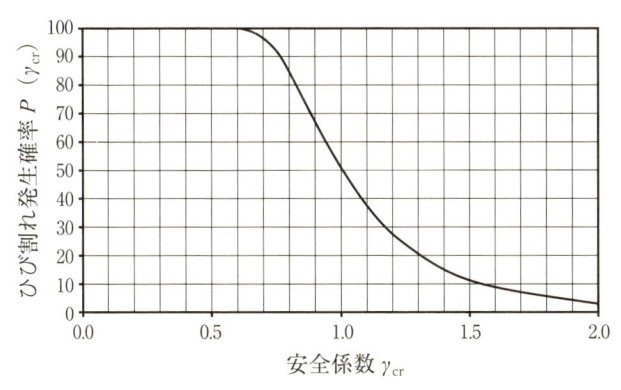

図Ⅳ-20　安全係数 γ_{cr} とひび割れ発生確率
『コンクリート標準示方書 2012 年制定 設計編』（公益社団法人 土木学会）

表Ⅳ-11　一般的な配筋の構造物における標準的なひび割れ発生確率 P と安全係数 γ_{cr}

対策レベル	ひび割れ発生確率 P	安全係数 γ_{cr}
ひび割れを防止したい場合	5	1.85 以上
ひび割れの発生をできる限り制限したい場合	15	1.40 以上
ひび割れの発生を許容するが，ひび割れ幅が過大とならないように制限したい場合	50	1.0 以上

『コンクリート標準示方書 2012 年制定 設計編』（公益社団法人 土木学会）

イアルを実施して，ひび割れ制御対策を立案してください。温度応力解析の結果から学ぶことが多くあると思います。さらに，コンクリートに対する理解が進み技術力をアップさせることが可能になると思います。

参考文献

『コンクリート標準示方書 2012 年制定 施工編』公益社団法人 土木学会
『コンクリート標準示方書 2012 年制定 設計編』公益社団法人 土木学会
『建設用資材ハンドブック 2014 年 8 月改訂版』新日鐵住金 株式会社
『都市計画法・宅地造成等規制法開発許可関係実務マニュアル』東京都

第Ⅴ章 場所打ち杭のトラブルを防止する管理スキル

1 場所打ち杭（オールケーシング工法）はなくならない

　基礎杭の分類の中で場所打ち杭といえば，人力で掘削する杭と機械で掘削する杭の2種類があります。人力で掘削する杭として，大型の重機が稼働できるような作業ヤードがとれない山間部で，比較的地盤が良い斜面などで採用されるライナープレートを使用して施工する深礎杭があります。

　また機械で掘削して杭を造成する工法としては，支持層までN値が小さな地層となっている軟弱地盤で採用されるアースドリル工法，リバース工法，オールケーシング工法があります。

　場所打ち杭の歴史は，東京オリンピック（1964年）に合わせ東海道新幹線や高速道路の建設において多用されるようになりました。その理由として，当時一般的であった鋼管杭やPC杭などの打込み杭は，騒音や振動が発生し，市街地での既製杭の施工は地域住民の理解が得られにくい状況となっていたことがあげられます。そこで市街地における基礎杭の施工については，無騒音，無振動の工法として，打込み杭から場所打ち杭に移行していきました。騒音，振動などが建設公害として社会問題化したことが，場所打ち杭を普及させた理由の一つです。

　機械で掘削して施工する場所打ち杭の中でも，確実な出来形・品質の信頼性・施工性・経済性に優れた特徴を持っている杭として，オールケーシング工法があげられます。経済性から公共工事で多く採用される工法です。

　オールケーシング工法は単純な施工手順であることから，施工経験のない技術者でも工事に携わればすぐに理解できる工法です。しかし，50年以上の歴史がありながらも簡単であるために，施工ノウハウとして継承しなければならない基本事項が，意外と曖昧になっていると思われます。特

に場所打ち杭の施工経験の浅い若年技術者にとって，トラブルを未然に防止するノウハウや，管理するポイントを明確にしてスキルとして継承していく必要があります。

　施工した基礎杭の中の1本が，杭として信頼できないというトラブルが一度発生したならば，大きな代償を払わないと解決ができないことになります。大きな代償とは「増し杭を施工する」，「フーチングの大きさを変更する」，「下部工の設計を見直す」，「上部工の設計をやり直す」などです。ひとたびトラブルが発生すると発注者からの信頼は失墜し，手直しの費用は大きな金額となり，対応に時間を要し，また工期を圧迫する要因となるなど，会社からも責められることになります。

　オールケーシング工法は，施工手順が簡単で単純であるという理由から若年技術者が担当する機会が多くなります。施工経験が浅いということは，トラブルの対応に問題が発生する可能性があるということです。その大きなリスクを回避していかなければ，高品質な構造物を構築することはできません。本章では想定できるトラブルを事前に知識として習得できるように編集しています。また，若年技術者を指導する方々にとっては，オールケーシング工法の教育の書としても活用していただけるようにまとめてあります。

　確実な出来形・品質の信頼性・施工性・経済性に優れた特徴を持つオールケーシング工法は，今後も採用され続ける工法です。高品質な構造物を構築するために，場所打ち杭であるオールケーシング工法のトラブル事例から，現場の施工管理の知識として活用してください。

2　軟弱地盤（N値＜2）での杭頭寸法不足

　場所打ち杭であるオールケーシング工法によって施工された，杭頭部の直径の寸法が不足する事例があり，以前問題となりました。場所打ち杭の

施工が完了し，構造物の掘削を行いました。その後，均しコンクリートを打設して，杭頭処理が完了した時点で，設計の杭径より50〜200 mm不足するというトラブルが発生したのです。こうした事故は，軟弱地盤（N値＜2）でよく発生します。

たとえば明日からフーチングの鉄筋組立作業を開始する工程計画でも，場所打ち杭の出来形不足であれば，原因追求と対策の立案を行うために工事は1カ月程度ストップしてしまいます。

施工を担当している技術者は，出来形が不足する杭の欠損している位置図を作成します。さらに均しコンクリートをはつって壊し，出来形が不足している部分の深さも測定します。不足している深さは，どの杭でも計画高さから概ね300〜600 mm程度となります。基礎杭とフーチングの接合部は，杭頭モーメントがかかり重要な場所ですので，慎重にトラブルの対応を行うほかありません（**図V-1，V-2**）。

出来形不足の原因は，次のことが考えられます。

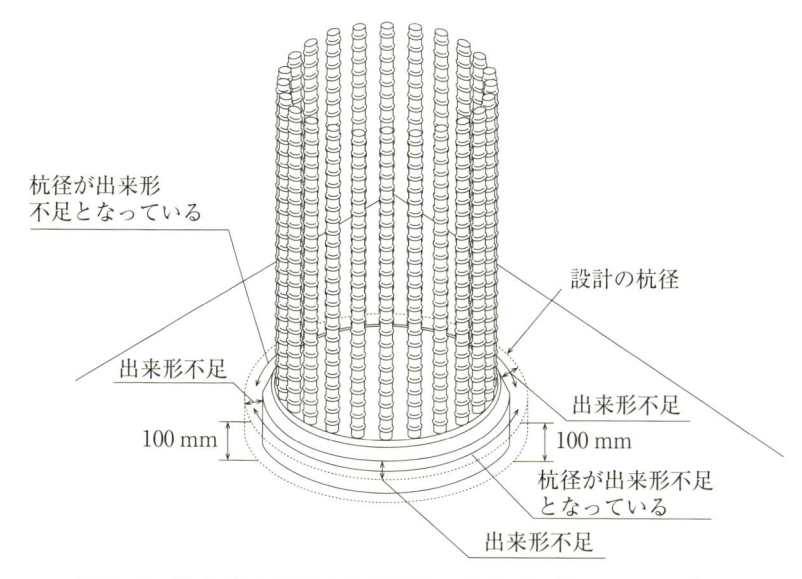

図V-1　軟弱地盤で発生する杭頭の出来形不足のイメージ図

図中ラベル:
- 100 mm
- 出来形不足
- 出来形不足
- 100 mm
- 均しコンクリート
- 基礎砕石
- 300〜600 mm 程度
- 300〜600 mm 程度
- 設計直径
- 深さ方向の出来形不足は，概ね300〜600 mmとなっている
- 注目ポイント

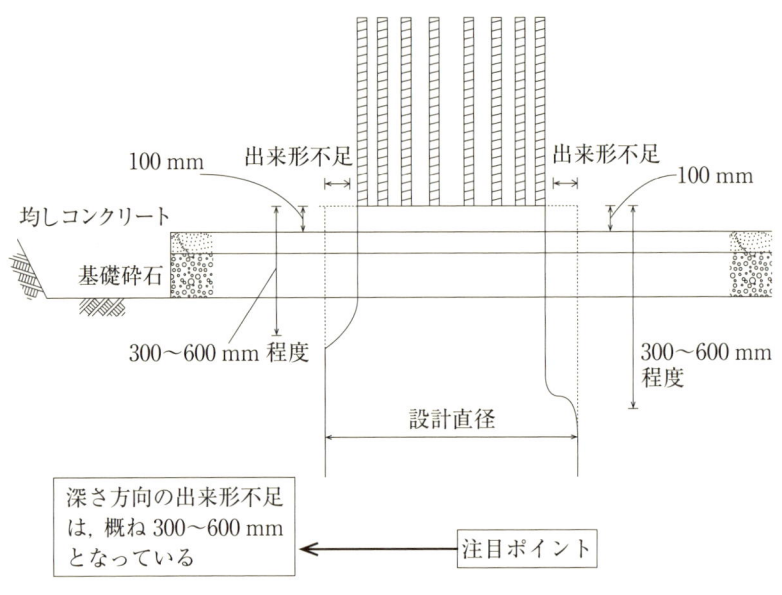

図Ⅴ-2　出来形不足断面図

- ケーシングパイプを抜いた後，コンクリート静圧力（設計高さ+500 mm）が小さいために，軟弱な杭周辺の地盤の圧力がまさり，地盤がコンクリートを押す形になって移動し，杭頭全体に出来形不足箇所を発生させる
- クローラクレーンにてケーシングパイプを引き上げる際に，引上げ速度が速いために，粘性のあるコンクリートがケーシングパイプとの摩擦で瞬間的に引き上がり，負圧が発生して杭周辺の地盤が移動する
- 杭頭と現地盤までの土被りが少ない場合や，ケーシングパイプを引き抜くときにクレーンの吊り角度が鉛直になっていない場合，ケーシングパイプの動きによって，杭周辺の軟弱な地盤を移動させてしまい，杭頭に出来形不足となる箇所を発生させる

こうした原因により生じた対処手順は以下のとおりです。
① 発注者にすぐ報告する

② 出来形不足となっている深さまで，均しコンクリートを壊して杭周辺部分を掘削する

③ 出来形不足は，概ね杭の設計高さから 300 〜 600 mm 程度となっているため，状況を確認した後に杭径の出来形不足となる部分を図化する

④ 出来形不足部分は，土砂の混ざってしまった不良箇所となっていることから，コンクリートを撤去する。また，主鉄筋内のコンクリートに影響のないように，電動ピックなどで衝撃を最小限にしてはつり込む

⑤ 設計の杭径を確保するために，型枠を設置して所定の杭径を確保し，同等以上の圧縮強度を確保した配合のコンクリートを打設する。また出来形不足が小さい場合は，同等以上の強度を有する無収縮モルタルを充填する

⑥ 掘削した箇所は，切込み砕石(生コンクリートで対応したこともある)を充填してよく転圧し，均しコンクリートを復旧する

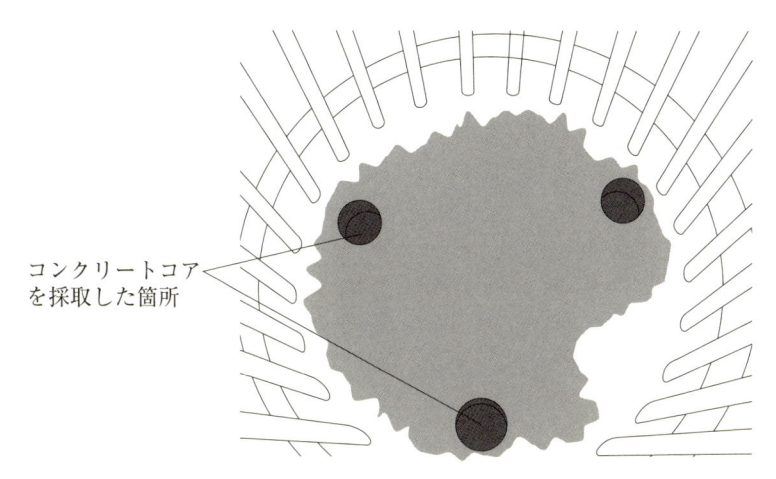

図 V-3　主鉄筋内側のコンクリート強度を確認するためにコンクリートコアを採取した後の状況図

⑦ 杭の主鉄筋内側のコンクリートについて，その健全性を確認するために，コンクリートコアを採取し，圧縮強度試験を実施して規格値を満足していることを確認する（図Ⅴ-3）。

　なお，出来形不足を発生させないために下記の対策を講じるとよいでしょう。

- 杭頭寸法の不足に対する予防処置は，余盛りコンクリートの高さを基準高さの 500 mm から 1,000 mm へと変更し，静圧力を大きくする
- ケーシングパイプを引き上げるときに，クレーンのオペレーターに杭頭の設計天端高さの前後 1 m となる合計約 2 m については，ゆっくりと時間（1 分/m 程度の引上げ速度）をかけて引き上げ，負圧を発生させない手順とする
- ケーシングパイプを引き上げるときには，ケーシングパイプが鉛直となるようにして管理して慎重に引き上げる
- 余盛りコンクリートを 500 mm から 1,000 mm に変更したことから，杭頭処理に費用がかかるため，実行予算においては工事費の増額を見込む

3　玉石地盤における杭頭寸法不足

　河川内の橋脚工事に見られるトラブルとして，軟弱地盤だが床付け地盤が玉石層となっている地層においても，設計の杭径より 100～150 mm 不足するというケースが発生します。これはケーシングパイプを引き抜いた後，被り部分のコンクリート中に，玉石が主鉄筋まで入り込むことによって起きる現象です。杭頭断面を上から見ると，ところどころ歯が抜けたような出来形となります。玉石が被り部分に入り込んでいる深さを調査すると，軟弱地盤（N 値＜2）と同様に計画高さから 300～600 mm 程度となっています（図Ⅴ-4）。

Ⅴ　場所打ち杭のトラブルを防止する管理スキル

　一般に，場所打ち杭の余盛りコンクリートの打設高は，設計計画高さの+500 mm となっています。ケーシングパイプ内に打設したコンクリート上部には，ケーシングパイプ最下端の取りきれなかったスライムが混入しているため，コンクリートを打設する高さを 500 mm 高くして，後から杭頭処理としてスライムが混入した 500 mm の余盛りコンクリート部分を取り除くためです。したがって杭の施工を担当する技術者には，コンクリートの打止め高さを正確に管理する技術スキルが必要となっています。

　杭頭寸法が不足する深さは，余盛りコンクリートを 500 mm とすると余盛りコンクリート上端から，軟弱地盤（N 値＜ 2）でも玉石地盤でも，ほぼ 1,000 mm までとなっていることに気付きます。

　そこで余盛りコンクリートは，設計高さの＋ 500 mm ですが，もう 500 mm 高くして合計 1,000 mm とすれば，出来形不足の発生を予防できます。しかし，余盛りコンクリート量が増えることにより，杭頭処理のボリュームも増えることになりますので，実行予算に反映させる必要があり

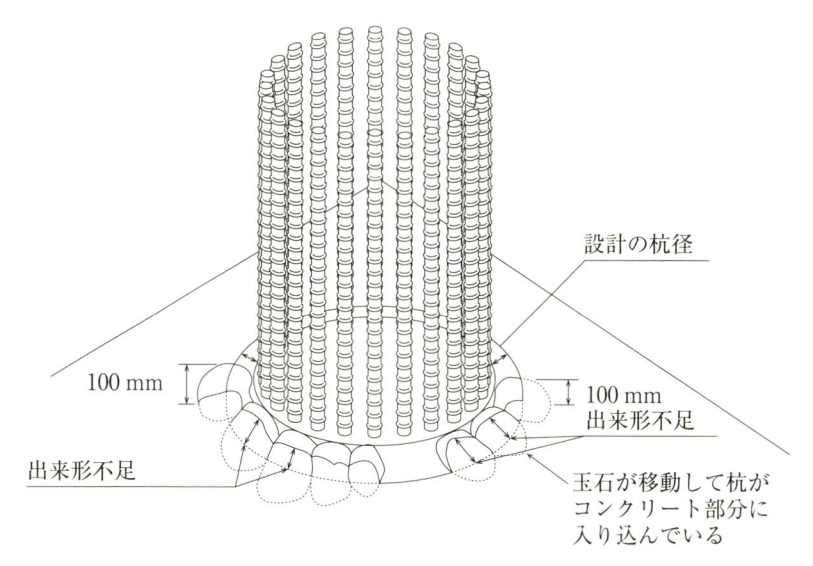

図Ⅴ-4　床付け地盤が玉石となっていると発生する杭頭における出来形不足のイメージ図

ます。

　さらに施工上の原因として，ケーシングパイプの引上げ方に問題があると考えます。一般的に場所打ち杭の設計天端高さは，フーチング下面より＋100 mm となります。特に土被りがない場合は，ケーシングパイプを引き上げるときに，ケーシングパイプの周面摩擦も少なくなり，気を付けていないと一気にケーシングを引き上げてしまいます。するとケーシングパイプ内のコンクリートも一気に上昇して，負圧が発生してしまいます。すると当然，周辺地盤や玉石を引き込むことになり，杭頭寸法が不足するようになります。

　結論として杭頭寸法の不足の予防処置は，余盛りコンクリートを設計計画高さの＋1,000 mm として，フレッシュコンクリートの静圧力を増加させます。さらにケーシングパイプを引き上げるときに，クレーンのオペレーターに杭頭の設計計画天端高さの±1,000 mm となる 2,000 mm 分について，ゆっくりと時間（1 分/m 程度の引上げ速度）をかけて引き上げる手順としましょう。

　実行予算には，杭頭処理の増加費用を見込むことが必要となりますが，杭の出来形不足によって，1 カ月間の工事ストップや発注者からの信用の失墜（工事成績評定の施工管理ポイントが下がる）などと比較した場合には，被害の程度は軽いものと考えられます。

　礫層が床付け部に存在する場合でも，玉石地盤は軟弱地盤（N 値＜2）と同種のケースが発生します。オールケーシング工法によって施工した場所打ち杭の杭頭部の直径が，被り部分に礫が食い込み，設計より直径が100〜300 mm 程度減少する出来形不足が発生します。これはケーシングを揺動することで，締まっていた礫層を乱してしまうことが原因と考えられます。

　「2 軟弱地盤（N 値＜2）での杭頭寸法不足」と同様と考えられますが，その原因を挙げると以下のとおりとなります。

- ケーシングパイプを引き抜いた後，コンクリート静圧力（設計高+500 mm）が小さいために，杭周辺の玉石や礫の移動があり，杭頭の出来形不足箇所を発生させる
- クローラクレーンにてケーシングパイプを引き上げる際に，引上げ速度が速いために，粘性のあるコンクリートがケーシングパイプとの摩擦で瞬間的に引き上がり，負圧が発生して杭周辺の玉石が移動する
- 杭頭と現地盤までの土被りが少ない場合や，ケーシングパイプを引き抜くときに，クレーンの吊り角度が鉛直になっていない場合，ケーシングパイプの動きによって杭周辺の玉石や礫を移動させてしまい，杭頭に出来形不足となる箇所を発生させる

　また床付け地盤が玉石層である場合，事前に杭頭欠損が発生することおよびその対策を，発注者と協議することが必要です。対処方法や予防処置は，杭頭欠損があった場合，「2 軟弱地盤（N値＜2）での杭頭寸法不足」と同様です。

4 コンクリート打設には，トレミー管と生コン車の関係を明示しよう

　場所打ち杭のコンクリート打設には，施工上重要なポイントがあります。最初に打設したコンクリートは，杭先端に残留したスライムが混入します。また，ケーシングパイプ内に水が充填されている場合には，水中コンクリートとなります。コンクリートを杭の上部から流し込むと，スライムや水と混ざり健全なコンクリートになりません。

　そこで，常にコンクリート上面から2m以上トレミー管の下端を押し込んだ状態で，コンクリートを打設します。そうすることで，下からどんどん押し上げるようにコンクリートを打設することができるので，スライムが混じった最初のコンクリートが，常にコンクリートを打設している最上部になります。

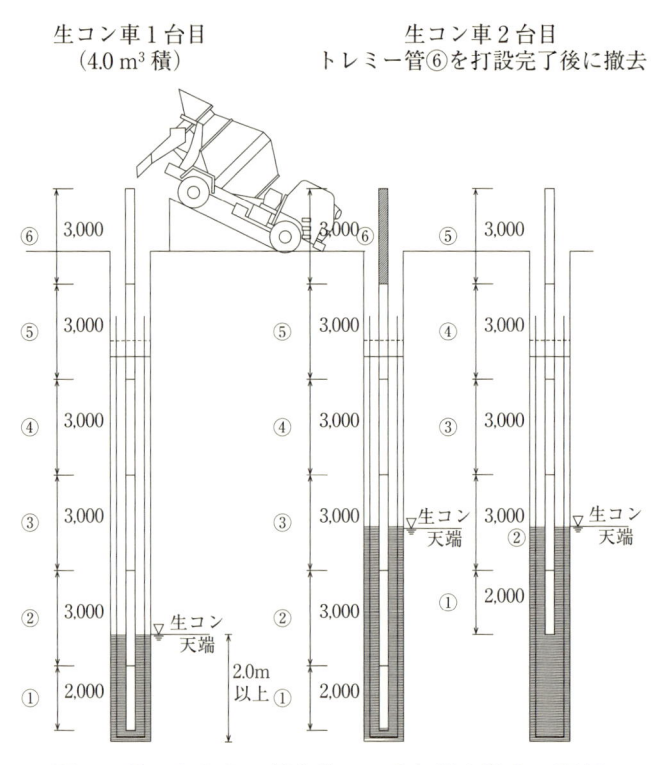

図 V-5①　トレミー管と生コン車打設台数との関係

　同様に，水中でも比重差からコンクリートと水は混じることなく，健全な品質を確保することができます。

　つまり場所打ち杭のコンクリートを打設するときは，トレミー管の下端がコンクリート天端より常に2m以上，押し込まれているように管理することが重要なのです。担当する若年技術者は，健全な品質を確保するために，誰でも簡単に理解できるように確実な管理手法が必要です。

　その管理手法は，トレミー管の引上げの時期と生コン車の台数の関係を図示し，現場に掲示して毎日作業開始前に確認し，新規の入場者にも確実に教育できるようにしておくとよいでしょう（**図 V-5**）。

生コン車3台目　　　　　　　　　　生コン車4台目
トレミー管⑤を打設完了後に撤去　　トレミー管①,②,③,④を打設完了後に撤去

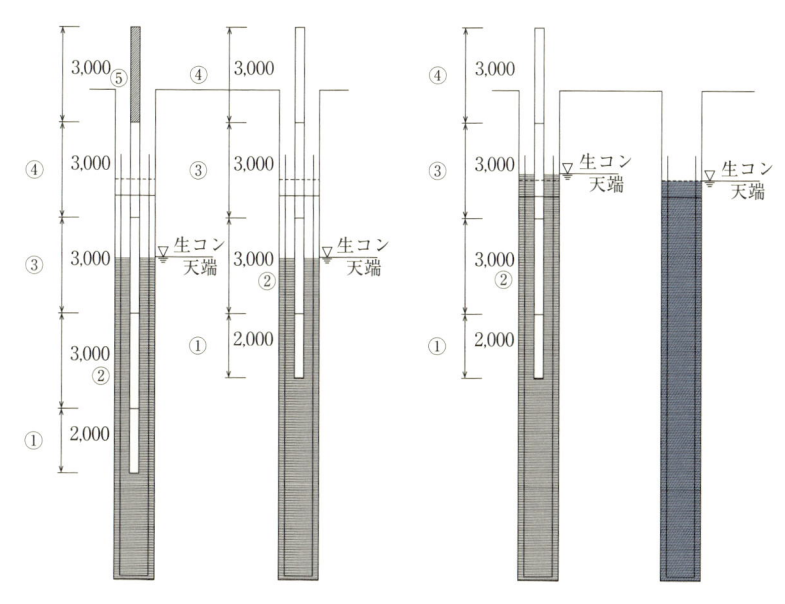

図V-5②　トレミー管と生コン車打設台数との関係

5　鉄筋の共上がりを防止するには

　場所打ち杭におけるコンクリートの打設方法は，水中コンクリートとなりますので，トレミー管を使用してコンクリートを打設します。トレミー管の先端は，常にコンクリート打設天端面よりも2m以上下方に位置しながら，コンクリートを打設することが重要となります。杭の最終掘削時にスライムの処理をしますが，杭底盤の取りきれなかったスライムが存在するので，スライムが混じったコンクリートを上方に押し上げながら打設します。コンクリート打設高さと，トレミー管の先端高さの管理は，重要な施工管理ポイントとなります。コンクリートを打設しながら，ケーシングパイプを順次引き上げていきます。

このときのトラブルとして，ケーシングパイプ内に建て込んだ鉄筋かごが一緒に上がってしまうトラブルがあります。これは非常に問題の大きいトラブルです。その対応を間違えると取り返しのつかない事態へと発展します。

　「どうして鉄筋が共上がりをするのか」というと，ケーシングパイプと組み立てた鉄筋が，接触しているという単純で簡単なことが原因となります。しかし現実には目で見ることができないので，原因は想定する以外に方法はありません。

　原因として想定されることはケーシングパイプ，鉄筋かご，コンクリート打設にあると考えられます。ではそれぞれについて原因を列挙してみましょう。

　ケーシングパイプが原因として考えられるのはケーシングパイプの建込み時の鉛直精度が悪い場合です。

　最初のケーシングパイプを4m押し込み，次に6mのケーシングパイプを連結して建て込んだとき，左右で3cmのズレが生じれば，30m下では15cmのズレとなります。その場合ケーシングパイプと主鉄筋の間には，被り部分の余裕がなくなり，ケーシングパイプと鉄筋は接触してしまいます。このためケーシングパイプを引き上げるときに，一緒に鉄筋かごが上がってしまう可能性があります（**図V-6**）。

　ここでケーシングパイプの鉛直性を確保するためには，2方向（X方向とY方向のように90°方向）からの鉛直性の確認をすることが大切となります。

　次に鉄筋かごが原因として考えられるのは，まず第1に組み立てた鉄筋が楕円状に変形しているか，主鉄筋が変形している場合です。鉄筋かごが正確な円形ではなく楕円形になっていると，鉄筋とケーシングパイプの被り部分がなくなり，接触してしまうことになります。鉄筋かごを組み立てた場所から施工箇所まで運搬する際に，枕木の数が少なく，そのことで主

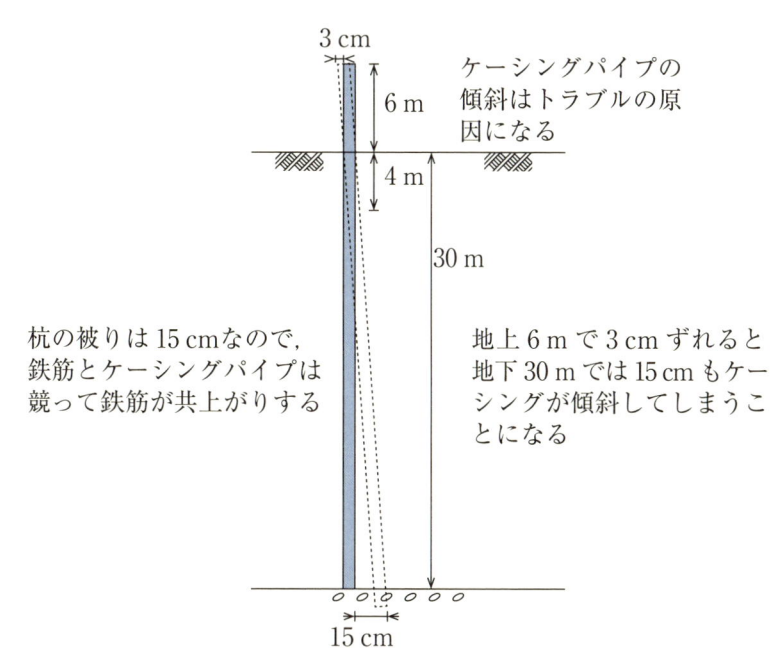

Ⅴ 場所打ち杭のトラブルを防止する管理スキル

ケーシングパイプの傾斜はトラブルの原因になる

3 cm
6 m
4 m
30 m
15 cm

杭の被りは15 cmなので、鉄筋とケーシングパイプは競って鉄筋が共上がりする

地上6 mで3 cmずれると地下30 mでは15 cmもケーシングが傾斜してしまうことになる

図Ⅴ-6　ケーシングパイプと鉛直精度

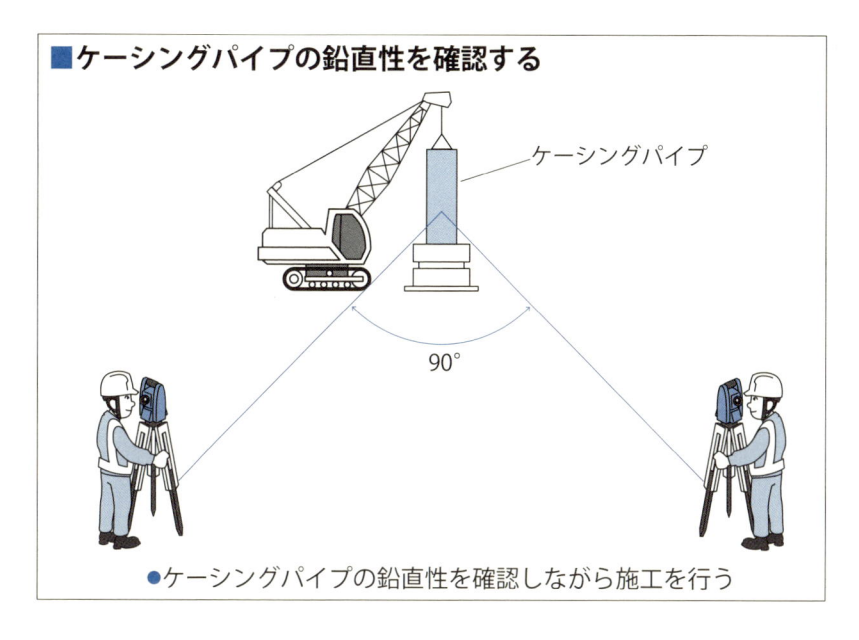

■ケーシングパイプの鉛直性を確認する

ケーシングパイプ

90°

● ケーシングパイプの鉛直性を確認しながら施工を行う

鉄筋が変形してしまうことが考えられます。

また，クレーンによる吊上げの際に鉄筋の自重で変形してしまった場合，玉掛け位置が悪く主筋が変形してしまった場合，段取り鉄筋の数が少なく変形してしまった場合，段取り鉄筋径を細くしてしまった場合でも楕円形

鉄筋かごが楕円形に変更した場合

ケーシングパイプ

$A = B$ でないとき，つまり $A \neq B$ となるときには，もう一度鉄筋を組み直す

「大丈夫だろう」と考えて，作業を続行したときに，トラブルが発生する

主鉄筋を変形させるとトラブルが発生

○

×
仮置きだから枕木は1つでと安易に考えるとトラブルになる

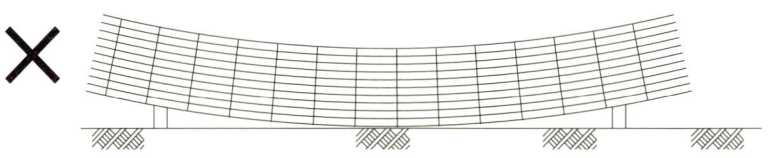

×
段取り替えのわずかな時間だからと安易に考えるとトラブルになる

図Ⅴ-7　主鉄筋を変形させない枕木の設置方法

に変形することがあります。これらは，前述と同じく鉄筋とケーシングパイプの被り部分がなくなり，接触してしまうことになります。鉄筋かごをケーシングパイプ内に，収められないぐらいの変形であれば気が付きますが，ケーシングパイプに入るようであれば変形に気付くことはありません。

　しかし，生コンクリートの打設の衝撃や，ケーシングパイプの引抜きのときには，トラブルとなることがあります。管理のポイントは鉄筋かごの組上げ状況，クレーンによる吊上げ状況，鉄筋かごの仮置き状況，鉄筋かごの運搬状況をその都度確認しておく必要があります。鉄筋かごをクレーンで吊り込む前には，変形していないかを確認することが現場の管理では必要となります（図V-7）。

　第2に上下の組み立てた鉄筋の継手が鉛直でない場合も考えられます。仮に杭長が30mであれば，杭の鉄筋は上中下の3パーツに分けて組み立てます。30mの鉄筋を同時に組み立てることは，不可能であり現実的に施工できません。また組み上げられたとしても，ケーシングパイプに挿入するクレーンを確保できませんし，長くなれば組み上げた鉄筋かご自体が変形してしまい，ケーシングパイプの中に収めることは不可能だからです。

　杭の鉄筋をケーシングパイプ内に設置する手順は以下のとおりとなります（鉄筋かごは「上」，「中」，「下」の3つと仮定します）。

① 上中下の「下」の鉄筋かごをケーシングパイプ内に挿入する
② 「中」の鉄筋かごをつなぐために，「下」の鉄筋かごの上部をケーシングパイプの上端で，杭下端まで落ちないように固定する
③ 固定をしたら，上中下の「中」の鉄筋かごをクレーンで吊り上げて，「下」の鉄筋かごに結束してつなぐ
④ 「中」の鉄筋かごをクレーンで吊りながら，ケーシングパイプの中に降ろす
⑤ 「上」の鉄筋かごをつなぐために，「中」の鉄筋かごの上部をケーシングパイプの上端で杭下端まで落ちないように固定する

⑥ 上中下の「上」の鉄筋かごを「中」の鉄筋かごに結束してつなぐ
⑦ 上中下につながった鉄筋かごをクレーンで吊りながら，ケーシングパイプの中に所定の高さになるように設置する

　したがって，上中下の鉄筋かごを鉛直に結束してつながなければ，ケーシングチューブと鉄筋かごは接触してしまいます。このときの鉛直性も確認しておく必要があります。鉄筋かごを鉛直に設置したつもりでも，少しの傾斜でもケーシングパイプと主鉄筋の間は，被り部分がなくなり，ケーシングパイプと鉄筋は競ってしまい，鉄筋かごの共上がり現象が発生することになります（図V-8）。

　第3に組み立てた鉄筋が自重で座屈してしまう場合です。杭の上部の鉄筋量は下部に比べて多くなっています。また組み立てた鉄筋を建て込み，コンクリートの打設を開始したときに，鉄筋の自重によって下部の主筋が座屈することがあります。そのため下部の主鉄筋には，鉄筋の全重量やコンクリート重量と打設時の衝撃がかかるので，座屈が起きないようなピッチで，主鉄筋の内側に補強鉄筋を配置しておきます（図V-9）。

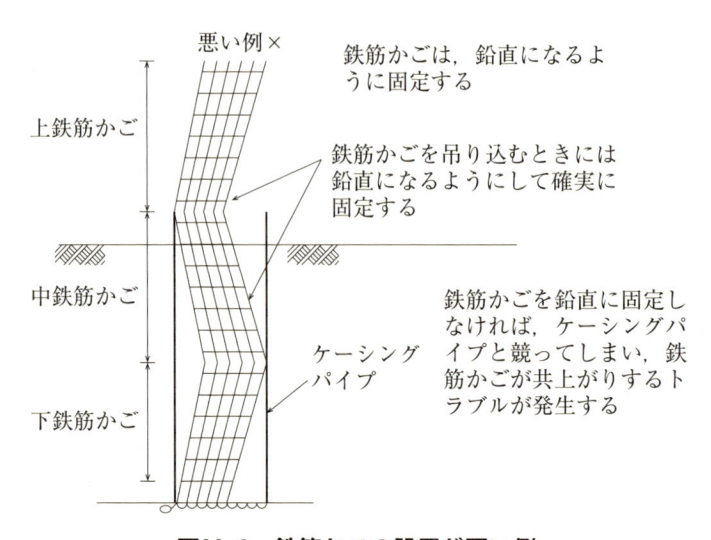

図V-8　鉄筋かごの設置が悪い例

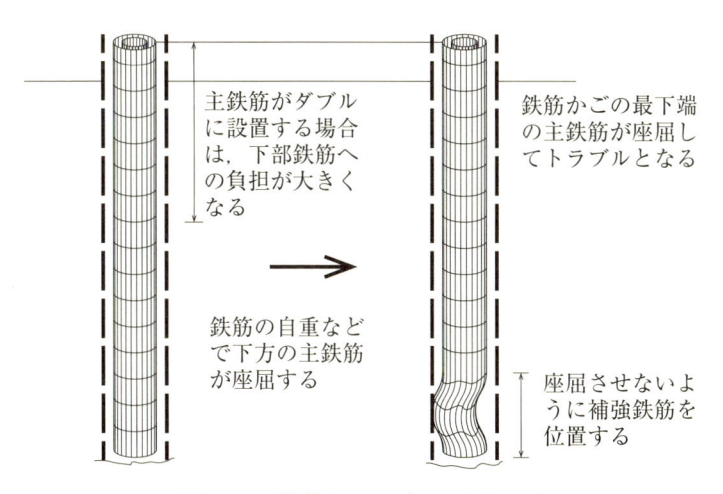

図V-9　鉄筋かごの座屈イメージ

なお座屈防止の鉄筋径は，D22を使用するとよいでしょう。特に上中下となる鉄筋かごの「下」の部分は，杭にかかるモーメントが小さくなるために，主鉄筋はシングル配筋となります。したがって鉄筋かごが座屈する位置は，上中下の「下」の鉄筋かごとなるので，トラブルの芽を摘むという予防処置として配置する計画としてください。

場所打ち杭主鉄筋座屈計算書は，帯鉄筋の配置ピッチに合わせて，主鉄筋の内側に設置します。帯鉄筋と座屈防止鉄筋で主鉄筋を確実に拘束することで，座屈を防止しましょう（**図V-10**）。

コンクリート打設が原因となるのは，第1にスライム除去時に取り残した玉石が，コンクリートを最初に打設したときの衝撃で移動してしまい，ケーシングパイプと鉄筋かごの隙間に挟まった場合が想定できます。このときもケーシングパイプと鉄筋かごが競ってしまい，共上がりの原因となります。

第2に帯鉄筋のフックの角度が大きいと，コンクリート打設中にトレミー管と競り，トレミー管を引き上げるときに鉄筋かごを上昇させる場合が想定されます。帯鉄筋の形状が，定着フックとなっている場合は事前に

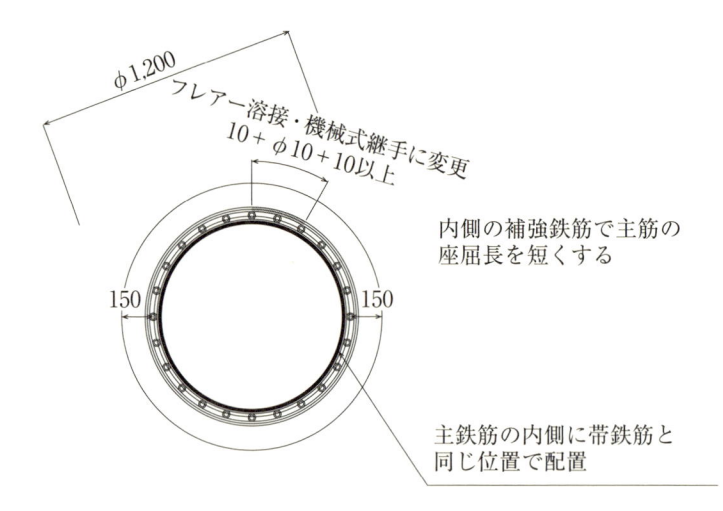

図V-10　場所打ち杭の主筋座屈防止補強鉄筋

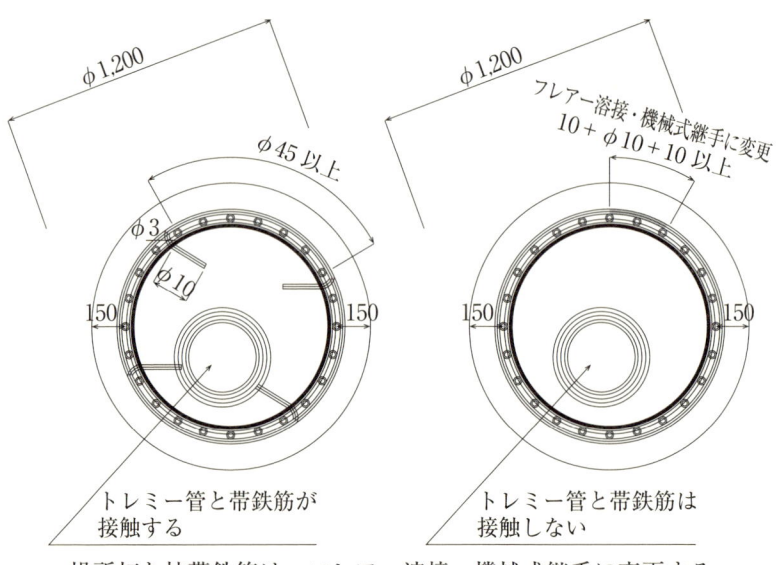

図V-11　トレミー管と帯鉄筋の位置

場所打ち杭帯鉄筋は，フレアー溶接・機械式継手に変更する

協議を行い，フレアー溶接・機械式継手に変更しておくことが大切です（**図V-11，V-12**）。

フレアー溶接・機械式継手

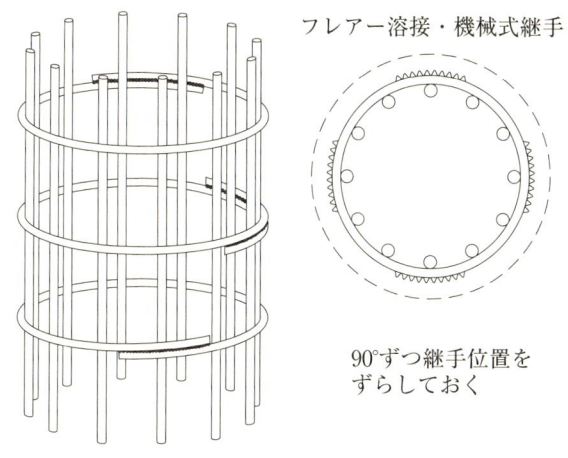

90°ずつ継手位置をずらしておく

図V-12　帯鉄筋の継手位置

6　鉄筋の共上がりをなくす管理のポイント

鉄筋を共上がりさせない対処方法は，その原因を理解することで対処をすることができます。原因から考えられる管理のポイントは，以下のとおりです。

- 建込み時，$X・Y$方向での鉛直性を確保し，ケーシングパイプを傾斜させない
- ケーシングパイプがわずかに傾斜してしまった場合は，傾いている側の被り部分のスペーサーを傾きに対応する大きさとする
- 鉄筋かごが変形してしまった場合は，以下の処置を行う
    ① 鉄筋加工組立治具によりまっすぐに組み立てる
    ② 仮置き時，鉄筋運搬時に鉄筋かごを変形させない
    ③ 円形の組立用鉄筋（座屈防止用補強鉄筋としても）を使用して，主鉄筋と確実に結束番線にて固定する

④　クレーンで鉄筋かごを吊り込むときにバランスよく玉掛けをする

- 継手部分では鉄筋かごの上下が鉛直になるよう結束し，鉄筋かごをケーシングパイプの中心で鉛直に建て込む
- 杭長が長い杭は鉄筋重量が重くなるので，下部の鉄筋には補強鉄筋を入れ，鉄筋を座屈させない
- 適正なスペーサーを用いて適正な被りを確保し，鉄筋かごが片側により，被り不足とならないようにする
- 鉄筋底部の異形鉄筋のピッチを 100 mm 以下として，コンクリート打設による玉石の舞い上がりを防止し，スライム内にある玉石がケーシングパイプと鉄筋かごの間に挟まらないように管理する
- 帯鉄筋はフレアー溶接・機械式継手にする（事前に発注者と協議して了解を得ておく）

　これら以外にも，注意するポイントはあると思いますが，鉄筋の共上がりのトラブル防止対策として活用してください。

7　鉄筋が共上がりしてしまったら…

　鉄筋の共上がりが発生した場合は，ケーシングパイプを上下に動かしたり，揺動をかけたりして，ケーシングパイプと鉄筋かごの接触を切ることです。どうしても鉄筋の共上がりを抑えることができない場合は，以下のとおりとします。

① コンクリートが固まらないうちに早急に鉄筋を引き抜く
② 底部にコンクリートを残さないように排出する
③ 再度，鉄筋を建込み，コンクリートを打設し直す

　ここで注意するポイントは，時間が経過するとコンクリートが硬化し始めますので，鉄筋とともにケーシングパイプまでも埋め殺さなければなら

なくなります。砂地盤では時間の経過とともに，ケーシングパイプ周りの地盤が締まってきて，ケーシングパイプが抜けなくなりますので，ケーシングパイプは継続的に揺動させておく必要があります。

さらに現場代理人および管理技術者などが，打合せなどで現場にいない状況でも，直ちに対応が可能なように対処方法を決定しておく必要があります。時間が経てば経つほど問題が大きくなりますので，トラブルの対処方法を決定し，**担当している若年技術者が間違いのない判断ができるように，確実な手順を決定しておくことが必要となります。**

8 その他の鉄筋，コンクリートに絡むトラブル

トラブルは他にもありますが，代表的なものに鉄筋の高止まり，鉄筋天端が低くなること，余盛りコンクリートの落ち込み，などが挙げられます。

鉄筋の高止まりが施工途中で分かった場合は「 7 鉄筋が共上がりしてしまったら…」の手順と同様です。ただし基礎杭工事が完了し，構造物掘削を行って，均しコンクリートを打設してから，鉄筋の高止まりが判明した場合には，以下のとおりとします。

① すぐに発注者に報告する
② 杭の載荷試験による支持力の確認
③ 支持力不足の場合は設計を見直し，増し杭を打設する

こうなると施工費の増大だけでなく設計費用もかかり，3カ月程度は工事がストップするので覚悟が必要です。

また支持地盤を深掘して地盤を乱し，コンクリート打設の衝撃によって鉄筋かごが沈下すると，鉄筋天端が低くなっていることがあります。その際の対処方法は以下のとおりです。

① すぐに発注者に報告する
② 低くなった分の主筋をガス圧接して，設計の高さを確保する

③ 鉄筋かごが下がってしまって，帯鉄筋が設置されていない箇所がある場合には，コンクリートを慎重にはつり込み，帯鉄筋を設置する

極端に低くなければ，ガス圧接による主鉄筋のイモ継ぎも認めてもらえますが，50 cm 程度の千鳥にガス圧接する必要があります。

また思わぬトラブルとして，測量のミスにより設計計画高さより 50 cm 程度余盛りコンクリートが下がっているときは，以下の手順で対処します。

① すぐに発注者に報告する
② 沈下した分のコンクリートをはつり込み，設計高さまでコンクリートを打設する
③ 杭の周囲を掘削した場合は，埋戻しに切込み砕石を充填して，よく転圧をする

この場合，担当の若年技術者は自信を失うほどショックを受けるでしょうが，間違いは仕方がないので，迅速な対応と再発防止を肝に銘じるよりほかありません。

9 深礎杭や場所打ち杭の主鉄筋が 2 重に配置された杭には気を付けよう

場所打ち杭の主鉄筋が 2 重に配置された設計では，フーチングの主鉄筋が配置できるスペースがなくなり，鉄筋のピッチを正確に配置することができない場合があります。これは施工前に分かることなので，CAD で鉄筋の配置が不可能であることを事前に協議をしておきましょう。落としどころは，「一定の間隔内に設計上の主鉄筋が配置されていれば，配置ピッチが乱れてもよい」ということになります。土壇場で協議をした場合は，2 週間程度工事がストップしますので気を付けましょう。

また，深礎杭においても同様です。主鉄筋が D51 のダブル配筋となれば，フーチング主鉄筋を配置する隙間がなくなります。物理的に設計図書どおりに正確な鉄筋配置ができないことになります。したがって，事前に杭の

主鉄筋とフーチング鉄筋の配置をCAD図面に現し，フーチングの主鉄筋を切断して，補強することがないように計画する必要があります。深礎杭の場合は，深礎杭の主鉄筋とフーチングの主鉄筋とを競らないように組み上げることができますので，事前に発注者と協議しておけば，トラブルは避けられることになります。

深礎杭のコンクリートを打設して，いざフーチングの鉄筋を組み立てるときになって慌てて協議をしたりすると，1カ月程度現場の進行がストップすることもありますので注意が必要です。

事前の検討項目としては，深礎杭の主鉄筋の配置を変更すること，フーチングの主鉄筋の配置を変更すること，フーチングの主鉄筋を切断して補強することなどです。事前の検討項目を組み合わせながら，最良の計画を提案してください。事前に協議することで，トラブルを予防することが可能となり，工事がストップすることはありません。

以上より，予防対策は以下の手順で行います。

① **CADによる杭鉄筋とフーチング鉄筋を原寸で作図する**
② **最小の鉄筋の移動で配筋ができるスペースをつくる**
③ **施工開始前に検討結果の承諾を得る**

施工開始後に工事がストップすることがなければ，発注者からの信頼を得ることができ，さらなる良好なコミュニケーションを構築できると考えてください。

あとがき

　本書の内容と目的は，表題のとおり担い手となる建設技術者に技術スキルを継承していただくことです。特化した技術はそれぞれの分野の方にお任せするとして，一般的に誰でも経験するであろう技術にスポットを当てて記述してあります。その技術の中には，「こんなことは当たり前で本にしなくてもよい」とご批判をいただく箇所や，「あまりにも簡単でこの内容はいらない」とのお叱りを受けるだろう箇所も多々あると思います。

　しかしそのような箇所であっても若年技術者にとっては，「なるほど」というくだりになるかもしれません。全ての建設技術者が，ほとんどの工種を経験することができて，あらゆる知識を持ち合わせることができるのであれば，幸せな建設技術者人生を全うできるだろうと思います。

　しかし現実には，工事に従事できる期間はそれぞれの建設技術者で大きく違い，会社によっても得意な分野が違うように経験できる工種が限定される場合もあります。本書はそのような建設技術者にとって，経験していない分野と言えども，一応読めば分かるという「技術読本」になっていることが必要と考えました。前述のとおり，本書は建設技術者が基礎的な技術として，継承してもらいたい技術スキルを取りまとめたものとなっています。

　ここで話題を変えて，「遷宮」という儀式について考えたことをお話したいと思います。出雲大社では約60年に一度，伊勢神宮では20年に一度繰り返される営みです。昔から培われた技術を尊重してその技術を絶やすことなく職人を育成し，次の遷宮のために技術を守り継承してきた事実は世界に誇れる日本の歴史となっています。

　一方，「ローマは1日にして成らず」と言いますが，当時コロシアムを始めとした建造物を造った職人の技を伝承しているかと言えば，ローマ帝

国が滅んでからは誰もその技術を守る人は現れていません。

　また，エジプトのピラミッドなどの壮大で偉大な建造物は残っていますが，それらを創造した技術は途絶えてしまっています。現在では，考古学者が当時の技術を推測していますが，明確には分かりません。このように国が滅べば，技術を継承していく人々が誰もいなくなるという現実は，過去の歴史からうかがい知ることができます。

　将来，日本がなくなる日までは，出雲大社も伊勢神宮も遷宮の営みは継承されていくのだろうと想像できます。その営みを司る技術は，出雲大社や伊勢神宮が職人を庇護することで確実に継承されています。

　出雲大社も伊勢神宮も永遠の繁栄を維持するために，遷宮により昔の輝きを蘇らせるという未来を見据えた力強いエネルギーが存在していることを，私たちは目の当たりにすることができます。遷宮を行うということが，古来の技術を伝承していく手段となっており，技術を絶やさないために職人を庇護しながら，人づくりを千年以上の長きにわたり延々と繰り返しているのです。

　出雲大社と伊勢神宮の遷宮は別々の年に行われていましたが，時代の流れの中でその周期がうまく重なって，約60年ごと同じ年に遷宮が行われるようになっています。2013年は出雲大社と伊勢神宮の遷宮が行われたことは，記憶に新しいと思います。次に遷宮が重なるのは60年後の2073年となる可能性が高いです。物心がついて記憶に残る年齢から平均的な人生が70年として，人の一生の中で出雲大社と伊勢神宮の遷宮の営みを同時に見ることができるのは，せいぜい一生に1回ということになります。

　同じように出雲大社の遷宮が約60年周期なので，一人の職人が関われる遷宮は，同様に一生に1回ということになります。また，伊勢神宮においては20年周期なので，普通2～3回の経験しかできないことになります。職人の技術を絶やさないという遷宮という営みは，未来へ技を伝えるための素晴らしくちょうど良い周期になっていると感心してしまいます。

あとがき

　現在の建設業界はマスコミなどの報道により，公共投資不要論の大合唱によって，長いトンネルの中に閉じ込められてしまいました。過去のピーク時における公共投資額から見ると，約60%程度まで落ち込んでいる現状は，建設業界を大きく揺さぶり，再起できないようなところまで追い立てられているように思われます。「建設業界の失われた20年」と言われる長いトンネルを抜けてみたら，未来へ建設技術を継承していかなければならない多くの建設技術者を離職させ，優秀な職人さえも転職を余儀なくさせてしまいました。

　「天災は忘れた頃にやってくる」という想定外の東日本大震災が発生して，復興が思うようにできない日本となってしまいました。復興の予算はあるが人がいない。そのために人件費は高騰し，ある局面では材料不足で供給が間に合わず，工事が進まないということもあったようです。また東日本大震災によって，地震の発生サイクル，被害の想定の研究，東海・東南海・南海地震の研究などが一気に進んでおり，地震規模や被害の想定がある程度正確にできるようになったことは，将来の防災を考える上で大きな救いの手となるでしょう。

　しかし研究が進めば進むほどこれまでの日本の安定は，薄氷の上の一時的な安定であったことも露呈してしまいました。国を守ることは人を守ることですから，被害を最小限にするために，今から準備をしなければならないことを日本の人々は理解しました。これらの事実を知ったことは，今から準備をすれば災害時の被害を少なくできるという希望へとつながったと思われます。

　公共投資額の減少は，東日本大震災の復興や2020年東京オリンピック・パラリンピックのために，インフラを整備する人材までも失ってしまったという不都合な現実をつくり出してしまいました。今後若年技術者が増えたとしても，継承されるべき技術スキルを伝える人がいなくなってしまったという事実は認識しておかなければなりません。また，建設業に従事す

237

る建設作業員の確保は，高齢化により引退の時期を迎えており，さらに難しい状況です。建設技術者および建設作業員の不足は，深刻な問題と考えなければなりません。

　現場管理を行う建設技術者が現場で活動できる期間は，会社に入ってから40年程度であろうと思われます。建設技術者として成長していくためのロードマップは，次のような過程を辿ると考えています。新入社員として建設会社に入社し，建設現場の工事管理に従事してから，1〜3年までは間違いのない測量テクニックと基本的な施工技術を身に付ける期間となります。3〜5年は1級施工管理技士程度の技能を身に付けることに集中します。5〜10年ではQ（品質）C（原価）D（工程）S（安全）に関する管理手法を身に付け，その後は現場を運営する建設技術者へと成長するという過程が一般的であると思います。この現場を運営できるようになることが，一人前の建設技術者と評価される基準となっています。

　一般的に，建設技術者が現場を運営できるようになるまでに，個人差はありますが10年程度は必要です。その10年間にできる限りの技術スキルを獲得することによって，優秀な建設技術者に成長していきます。しかし，10年間では全ての工種の現場を経験して，オールラウンドな技術スキルを身に付けることは不可能です。多くの経験値を獲得していくためには，先人の教えや技術スキルを継承するシステムが必要となります。仮に技術スキルを継承するシステムによって，若年技術者が経験値をたくさん獲得することができれば，現場運営を確実に遂行することが可能になります。

　また，経験値をたくさん持つことで，事前にトラブルの発生を予測できるようになります。つまり，経験値の引出しの数が多ければ多いほど，安全で高品質な見栄えの良い耐久性のある製品を，提供できる建設技術者となり得るのです。

　以上が筆者が本書に記した内容です。建設業界では将来を担う技術者た

あとがき

ちに技術スキルを語り部のように教え伝えられたなら，出雲大社や伊勢神宮の遷宮に負けない技術の継承ができるでしょう。しかし，語り部となる優秀な建設技術者を多く失ってしまった現状では，望むべくもありません。本書は語り部となる優秀な先輩の建設技術者から引き継いだ内容について，筆者が整理・蓄積し，具体的な形にさせていただきました。本書が担い手となる建設技術者に対して，技術スキルを継承する道標となることを切に願っています。

また，本書の執筆の機会を与えていただいた方々には，言葉にできないぐらいの感謝とお礼を申し上げたいと思います。そして，本書を読んでいただいた方々に対しまして一つお願いがあります。そのお願いとは，「本書の至らないところを補完していただけないか」ということです。さらに，新しい技術，これまでの技術を改善したより高いノウハウなどについても加えていただきたいと考えています。「1冊の本として体裁を整えるまでの作業は難しい」と考えている建設技術者の方には，出版社でもある（一財）経済調査会宛てに企画内容を伝達いただき，編集・出版の相談をすることは可能です。

また，執筆いただける方がいれば，その方に情報を寄せて，まとめていただくという方法もあります。建設業界の将来を担う人のために，継承したい技術としてまとめ，記録として残していくことが国内の若年技術者のスキルアップになると信じています。

ぜひ，多くの方が「技術継承」のために執筆していただき，日本全体の土木技術の底上げを図っていただくことを心より願っています。

平成27年5月31日　　　　鈴木　正司

著者略歴

鈴木　正司（すずき・まさし）

德倉建設株式会社　取締役執行役員　技術本部長，坂田建設株式会社　技術顧問，
日本工学院八王子専門学校　非常勤講師

昭和28年（1953年）7月18日生まれ，東京都出身
・東京都立大学工学部土木工学科卒業
・京都大学大学院工学研究科土木システム工学専攻博士課程修了，博士（工学）
・技術士（建設部門），コンクリート診断士，コンクリート技士，1級電気施工管理技士，1級土木施工管理技士，1級建築施工管理技士

【主な経歴】
昭和51年〜平成3年坂田建設株式会社入社，工事管理に従事（高速道路建設8工事，建設省3工事），昭和63年建設省関東地方建設局長表彰／平成3年〜平成11年技術課にて設計変更及び問題解決業務に従事／平成9年〜平成12年京都大学大学院工学研究科博士課程／平成11年〜平成18年土木工事部長／平成18年〜平成27年土木本部にて技術部長，土木統括部長，副本部長を歴任／平成27年〜令和元年取締役　土木本部長／令和元年〜令和2年常務取締役　技術本部長／令和2年〜令和3年　德倉建設株式会社　取締役執行役員　技師長，坂田建設株式会社　技術顧問／令和3年〜現職

【主な研究】
京都大学大学院複合構造デザイン研究室「ES工法の法面防護と景観保全に関する研究（学位取得論文）」，「木造軸組の耐震補強工法に関する研究」，「バーコードを使用した土運搬管理及び工事施工体制管理に関する研究」

【主な著書】
『建設業・現場代理人に必要な21のスキル』，『建設技術者のための現場必携手帳』，『建設業・利益を上げる一歩上いく現場運営』（経済調査会）

建設業・担い手育成のための技術継承

平成27年6月1日　初版発行
令和3年9月25日　第3刷発行

著　者　鈴　木　正　司

発　行　一般財団法人 経済調査会
〒105-0004 東京都港区新橋6-17-15
電話（03）5777-8221（編集）
電話（03）5777-8222（販売）
FAX（03）5777-8237（販売）
E-mail：book@zai-keicho.or.jp
https://www.zai-keicho.or.jp/

建設関連図書販売サイト
Bookけんせつplaza
https://book.zai-keicho.or.jp/
複製を禁ずる

編集協力　東京土木施工管理技士会
印刷・製本　株式会社　第一印刷所

©鈴木正司　2015　　　　　　　　ISBN978-4-86374-174-4
乱丁・落丁はお取り替えいたします。